本书为河南工程学院博士基金资助项目

民航管制员不安全行为风险预警及控制研究

徐瑞华 ◈ 著

郑州大学出版社

图书在版编目(CIP)数据

民航管制员不安全行为风险预警及控制研究 / 徐瑞华著. -- 郑州 : 郑州大学出版社, 2024. 10. -- ISBN 978-7-5773-0715-2

Ⅰ. V355.1

中国国家版本馆 CIP 数据核字第 202439RE43 号

民航管制员不安全行为风险预警及控制研究

MINHANG GUANZHIYUAN BU ANQUAN XINGWEI FENGXIAN YUJING JI KONGZHI YANJIU

策划编辑	胥丽光		封面设计	王　微
责任编辑	吴　静		版式设计	苏永生
责任校对	张若冰		责任监制	李瑞卿

出版发行	郑州大学出版社		地　　址	郑州市大学路 40 号(450052)
出 版 人	卢纪富		网　　址	http://www.zzup.cn
经　　销	全国新华书店		发行电话	0371-66966070
印　　刷	郑州宁昌印务有限公司			
开　　本	787 mm×1 092 mm　1 / 16			
印　　张	12.5		字　　数	247 千字
版　　次	2024 年 10 月第 1 版		印　　次	2024 年 10 月第 1 次印刷

书　　号	ISBN 978-7-5773-0715-2		定　　价	58.00 元

空中交通管制作为民航运输系统的关键一环,管制员负责向飞行员提供信息、发出指令,对飞行员接收指令的正误具有重要影响,直接关乎空中交通的安全运行。有效预警和控制管制员不安全行为风险是空管安全行为风险管理的难点,也是提升安全行为风险管理水平的关键。本书以管制员为研究对象,从管制员不安全行为风险预警控制研究现状出发,采用风险预警理论、安全科学理论、行为科学理论等多种理论,以期解决管制员不安全行为风险预警和控制两大难题。

本书的主要研究内容有如下几个方面。

其一,在明确民航管制员概念及其工作特征的基础上,梳理并归纳了管制员不安全行为的概念、类型及特点,界定了管制员不安全行为风险预警的基本概念,阐述了不安全行为致因理论,回顾了风险管理的构成和预警管理的发展,概括了预警管理的内容。

其二,收集访谈资料和权威机构发布的案例资料,采用扎根理论和人为因素分析和分类系统(HFACS)模型进行编码,对从社交媒体网站中爬取的空中交通管制有关的消极评论进行词频统计和编码,从中挖掘风险因素,综合以上风险因素识别结果,得到了概念和层次关系更加清晰和全面的管制员不安全行为风险因素概念模型。

其三,根据预警指标体系构建的原则,构建了管制员不安全行为风险监测预警指标体系,通过专家权威度系数进一步筛选预警指标,结合空管单位现有安全绩效指标等资料、专家意见和现场调研,明确了指标的含义、计算公式与阈值,借助控制图对管制员不安全行为风险进行了监测预警。

其四,在以往预测预警研究的基础上,选择了关联分析和非线性建模的方法,根据关联规则挖掘的流程挖掘了管制员不安全行为风险关联规则,得出了不同维度关联规则,在此基础上运用随机森林算法,分别预测了管制员失误和违章,得出了对预测较为重要的因素。

其五,运用演化博弈理论,构建了安全管理者与管制员演化博弈模型,分析了博弈系统均衡点的局部稳定性。在此基础上建立了演化博弈的系统动力学模型,仿真模拟了不同情形下博弈双方策略选择的动态演化过程,并分析了混合策略均衡下模型参数变化对系统演化趋势和结果的影响。

其六，从组织管理和安全监管方面制定了风险控制策略，选用系统动力学方法构建了管制员不安全行为风险控制策略仿真模型，探讨了环境因素、组织管理、安全监管、管制员不良状态等因素与不安全行为之间的因果关系，从仿真分析单一策略和组合策略的有效性，得出了关键的控制策略。

其七，确定了管制员不安全行为风险控制的目的和原则，基于 PDCA 循环方法即持续改进的循环模型的 4 个阶段，构建了管制员不安全行为风险控制体系。在此基础上根据民航管制员不安全行为风险控制策略，借鉴当前一般的控制实施框架，进一步提出了管制员不安全行为风险控制实施框架。

本书的创新点有：①综合采用案例资料和在线评论，基于扎根理论和 HFACS 模型，构建了概念和层次关系更加清晰和全面的管制员不安全行为风险概念模型。②确定了监测预警指标测量方式、阈值和警级，构建了具有针对性和可操作性的管制员不安全行为风险监测预警指标体系。③采用关联规则挖掘和随机森林算法，综合了关联分析和非线性建模，构建了管制员不安全行为风险预测预警模型。④将管制员不安全行为风险复杂系统与系统动力学仿真结合，通过参数调控仿真分析了关键控制策略。

本书感谢教育部人文社会科学研究规划基金项目"基于大数据的民航员工不安全行为风险预警及管控研究"（18YJA630076）的支持。

本书的撰写得到了罗帆教授的悉心指导和帮助；本书的调研工作得到了中南地区空管局湖北分局、武汉天河国际机场、湖北蔚蓝航校、襄阳机场、十堰机场和宜昌机场等单位领导、专家和一线管制员们的大力支持。在此向为出版本书做出贡献的各方人士表示诚挚的谢意。

由于研究时间限制及作者的精力、学术水平和研究条件有限，本书在研究内容的深入性等方面还存在不足，敬请读者批评指正！

徐瑞华

2024 年 5 月

目录

第1章

绪 论

1.1 研究背景

随着我国民用航空运输业的持续快速发展,民航地区空管局和民用运输机场等民航机构所需进行的空中交通管制(简称空管)面临的安全保障压力日益突出。根据中国民用航空业投资分析及前景预测报告,2018—2022 年,民航运输总周转量年均复合增长率将约为 12.25% ,2022 年民航旅客运输量年均复合增长率约为 11.85% ,民航旅客运输量将达到 9.71 亿人次。伴随着近年来运输航班量的持续增长,空管行业发展问题不断涌现。空管机构所需指挥飞行架次随之增加,空中情况愈加复杂,民航空中交通管制机构面临的安全压力越来越大,现有的安全管理理念和运行管理模式已不能满足日益增长的飞行量需求。

同时,民航管制员(简称管制员)的工作更加繁忙,外部环境更加复杂,人员队伍素质和安全行为能力不能适应空管的长远发展,导致不安全行为风险增大。人为因素已成为影响航空安全的主要因素,根据国际民航组织(International CivilAviation Organization, ICAO)的统计,在飞行事故致因的调查中,人为因素占到 75% ,甚至更高比例。此外,随着生活水平的持续提升,人们对航空运输安全的要求也越来越高。为满足人们的需求,民航必须要提供更加安全高效的服务,然而继续提升航空安全水平将面临巨大的挑战。由此可见,我国空管运行安全压力日益突出,快速增长的飞行量增加了管制员的工作负荷,同时管制员的能力不足导致指挥失误发生,加剧了空管系统面临的不安全行为风险,人们的要求迫使我国民用航空运输安全水平不断提升。

工作作风建设为近年来民航业重点研究的内容,但具有长期性和复杂性。2022 年 10 月,中国民用航空局修订印发的《民航安全从业人员工作作风长效机制建设指南》指出,空管工作作风问题的行为释义是指个人故意或习惯性违规违章、违反规程标准,以及因不敬畏、不诚信、侥幸、盲目、麻痹、懈怠、散漫等心理态度导致的疏漏、过失或错误行为等。这种违章存在主观的故意性,但并不希望造成危害性后果,而不安全事件具有随机性、潜伏性。根据安全金字塔法则,大量不安全行为将会增加不安全事件发生的概率。无后果违章专项整治为近年来各空管分局主推的一项重要工作,也是安全风险管理工作的重点和难点。尽管科学技术水平已经逐步提高,但仍不能从根本上解决空管人为因素问题。研究表明,空管人为因素是导致空中交通管制不安全事件的主要因素,占比90%或更多。

空中交通管制作为民航运输系统中的关键一环,管制员负责向飞行员提供信息、发出指令,这对飞行员接收指令的正误具有重要影响,直接关乎着空中交通的安全运行。由于飞机的一般时速极高,飞行员的视野有限,飞行员驾驶飞机从起飞推出到降落滑行过程中的路线均须听从管制员的指挥,因此对管制员的要求很高,一旦注意力不集中就很可能会对飞行员引导错误,致使严重后果。不安全行为是指在工作过程中有意和无意偏离既定目标,从而可能导致不安全事件或事故发生的行为。不安全行为分为失误和违章两大类。

管制员的不安全行为可能产生严重后果,甚至直接导致两架飞机相撞的严重事故发生。例如,2016年上海虹桥机场管制员在值班时遗忘飞行动态、指挥失误,这种不安全行为造成了跑道侵入事件的事故征候,险些引起两机相撞的严重事故;2017年,一名管制员在与飞行员的通话中用语不规范,虽然没有造成事故,但是严重影响了飞行安全;2018年,管制员在调配间隔时粗略使用经验数据和调配手段,导致航班复飞;2019年,管制员在指挥航空器下降高度时出现了口误,错误指挥下降高度,导致两机小于规定间隔。管制员遗忘飞行动态、指挥失误等任何错误都有可能导致不可预测的空中事故。

不安全行为虽未造成空管业务差错和航空安全差错,但当其达到一定数量时会引发不安全事件,即给航空器运行秩序带来了风险。尽管科学技术水平已经逐步提高,但仍不能从根本上解决管制员人为因素问题。研究表明,人为失误为导致空中交通管制不安全事件的主要因素,占比90%或更多。管制员不安全行为是管制单位的80%事故的主要原因。近年来已经开展空管从业人员无后果违章专项整治,但仍缺乏预警和控制空管不安全行为的有效手段。目前,空中交通管制的设备和技术发展迅猛,但不安全行为仍然会出现,这与心理资本、团队安全氛围等隐性因素有关。因此,为保障航班安全运行,如何识别管制员不安全行为发生的早期信号和发展趋势,采取何种有效措施减少不安全行为的发生,预控不安全行为向不安全事件演化,已成为当前对管制员不安全行为风险研究工作亟待解决的问题。

有效预警管制员不安全行为风险是空管安全行为风险管理的难点,也是提升安全行为风险管理水平的关键。在空中交通管制运行过程中涉及管制、通导、气象和情报等多种内部数据,以及事件报告、安全法规、安全标准等外部数据,但如何将空中交通管制数据用于风险预警有待深入研究。另外,随着互联网、信息技术的飞速发展,各类数据信息也在快速增长。社交网络为人们提供了互动交流的平台,跟踪和记录了大量自我表达内容。其中,在线评论是人们在社交网络中自愿发表和自我表达的想法,表达了其内心的最真实想法,包括最为丰富和精确的文本内容。这对民航空管安全行为风险管理建设产生了影响。一方面管制员不安全行为产生的原因复杂多变,另一方面民航空管安全行为风险管理需要适应时代快速发展的节奏。近年来,运输航班量持续增长,民航空管机构所需指挥飞行架次随之增加,导致管制员不安全行为产生的可能性增加。因此,有效利用多元数据信息识别管制员不安全行为风险因素,分析管制员不安全行为风险的发生规律和发展趋势,及时向空管安全管理部门发出预警信息和应对策略,是预防管制员不安全行为发生的重点。

1.2 研究目的与意义

1.2.1 研究目的

本书的研究目的正是根据现实中空管安全行为风险管理的难点和重点,通过分析访谈、案例和在线评论等多种数据来源,识别管制员不安全行为风险因素,揭示管制员不安全行为风险形成机理;在此基础上以期得到监测预警指标体系,据此获取监测指标预警信息;通过开展管制员不安全行为风险预测预警研究,揭示不安全行为的未来风险状态和发展趋势,及时发出不安全行为风险演变的信号;通过开展管制员违章行为安全监管演化博弈研究,揭示二者博弈的演化路径,确定演化的稳定状态和理想模式;通过采取科学、合理、有效和系统的风险控制体系控制管制员不安全行为风险,最终达到更好地引导管制员不安全行为的发生发展,提升空管安全行为风险管理水平,减少空管原因导致的不安全事件,推进安全绩效管理,促进我国民用航空运输业的健康快速发展。

1.2.2　研究意义

（1）理论意义

1）本书从系统的角度出发，构建概念和层次关系更加清晰和全面的管制员不安全行为风险因素概念模型，这有助于厘清风险因素对管制员不安全行为的作用机制。此外，本书通过在线评论，从管制员的角度识别不安全行为的潜在风险因素，充分考虑管制员的主观看法。事件报告描述了已经发生的事件的形成过程，而采用在线评论更能满足当今新环境下的风险因素识别需求，同时补充和验证案例资料的部分结果。总的来说，本书系统识别了管制员不安全行为潜在的风险因素，丰富了不安全行为风险因素识别的方法，揭示了不安全行为风险的形成机制，为风险因素识别提供了新的思路，为指标预警奠定了理论基础。

2）本书聚焦到管制员，在风险因素的基础上构建管制员不安全行为风险预测预警模型，有助于判断管制员不安全行为的未来发展趋势或状态。本书结合大数据预测的特征，对管制员不安全行为风险进行预测。关联规则挖掘是一种数据挖掘技术，能够分析不安全行为与风险因素数据中的关联性，为大数据背景下发展的必然趋势。随机森林模型为一种机器学习算法，对数据集的要求较低，运行稳健，不具有过拟合和共线性的问题。本书采用关联规则挖掘和随机森林模型，综合了大数据背景下的关联分析和非线性建模，具有较好的预测性能，丰富了不安全行为风险预测预警的研究方法。

3）利用演化博弈理论，构建安全管理者与管制员演化博弈模型，分析博弈系统均衡点的局部稳定性，厘清了管制员违章行为和安全管理者监管策略间的互动机制。在此基础上建立演化博弈的系统动力学模型，仿真模拟不同情形下博弈双方策略选择的动态演化过程，补充了管制员违章行为演化机理的理论研究。

4）本书将管制员不安全行为风险复杂系统与系统动力学仿真结合，研究系统的动态变化，从而使管制员不安全行为风险因素分析分别从静态、分散和定性向动态、系统和定量转化。管制员不安全行为是由多种风险因素引起的，且这些风险因素之间存在影响关系，这使得管制员不安全行为风险控制较为复杂。运用系统动力学方法建立管制员不安全行为风险控制策略仿真模型，综合了系统论、控制论和信息论，多学科的交叉和融合有助于较好地模拟管制员不安全行为风险控制系统动态反馈复杂性的形成机理，补充与拓展了目前管制员不安全行为风险控制的理论研究。

（2）现实意义

1）有助于推进大数据背景下空管安全行为风险管理体系建设。大数据背景下有关管制员不安全行为的信息在不断增加,在管制运行机构组织内和组织外已积累了大量的结构化数据和非结构化数据,如何有效地从数据中挖掘有效信息并利用有价值的信息进行预警管理,成为安全行为风险管理的难点,这对空管机构和学者们提出了新的问题和挑战。本书综合采用访谈数据、案例数据和在线评论数据,有助于充分利用不安全行为相关信息数据,了解新时代下的管制员不安全行为风险因素,发现空管行业存在的问题和管制员的需求因素,解决大数据背景下不安全行为风险识别难题。

2) 目前针对管制员不安全行为风险的监测手段较为缺乏,设计管制员不安全行为风险监测预警指标体系有助于空管机构通过信息系统采集管制员不安全行为相关数据信息。此外,本书综合了大数据背景下的关联分析和非线性建模,基于关联规则和随机森林模型,有助于对管制员不安全行为风险进行有效的预测,根据阈值和警级向有关部门发出信号,从而推进大数据背景下空管安全行为风险管理体系建设。当不安全行为超过阈值时会发出预警信息,从而实现关口前移,提升航空安全水平。运用大数据的相关性预测方法,将推进民航大数据建设。

3) 有助于提高空管安全行为风险管理的效率。管制员不安全行为风险因素众多,难以对所有风险因素进行实时、全方位监控。针对如何改善日益突出的管制员不安全行为风险,缺乏有效、合理的不安全行为风险控制策略。本书通过专家权威度系数进一步筛选预警指标,有利于找出影响力较大的关键性风险指标,将监测的重点集中到少数关键风险指标上。此外,选择了关联分析和非线性建模的方法,对管制员不安全行为风险进行了科学的预测预警,有助于在大数据背景下科学判断管制员不安全行为的未来发展趋势或状态,同时得出对管制员不安全行为风险预测较为重要的因素,对不安全行为预防具有重要作用。

4) 通过建立管制员与安全管理者之间演化博弈的系统动力学模型,分析不同情形下博弈过程策略选择演化,为违章行为的安全监管提供参考,避免系统陷入"不良锁定"模式和"震荡"模式。通过系统动力学构建管制员不安全行为风险控制策略仿真模型,仿真分析了控制策略的有效性,为空管机构对管制员不安全行为风险实施控制提供理论依据,有利于提高控制策略效果分析的效率,为优化控制策略提供依据和参考。同时提出了更合理、有效的控制策略,以及管制员不安全行为风险控制体系和实施框架,从而促进空管安全行为风险管理效率和水平的提升。

总的来说,对管制员不安全行为风险预警与控制的深入研究是在我国民航持续快速发展的背景下提出的现实需求,有助于推进空管机构的安全行为风险管理体系建设,警示和预防管制员不安全行为风险的发生,避免造成更多的损失。本书对管制员不安全行为风险控制的研究,有助于推进安全绩效管理,提升空管安全行为风险管理效率,为管制员不安全行为风险控制体系的设计、选择和优化提供依据和参考,对减少因空管原因导致的不安全事件具有重要的现实意义。本书有助于提升空管安全管理水平,促进民航安全从业人员工作作风建设,推动民航高质量发展。

1.3　国内外相关研究综述

目前,国内外关于各领域不安全行为的研究都取得了丰硕的成果。管制员与飞行员、机务维修人员、建筑工人、矿工等人员不安全行为风险形成机理和预警具有一些相同之处,因此飞行员、机务维修人员、建筑工人和矿工等其他人员的不安全行为相关研究成果均对本书具有借鉴价值。在员工行为管理方面,对大数据相关信息的应用是大数据背景下发展的必然趋势,已有学者进行了探索性研究,为开展本书的研究提供一些启示。因此,本节首先从民航领域、其他领域出发进行不安全行为风险预警管理文献回顾,并对数据驱动的员工行为管理相关研究进行梳理。

1.3.1　民航领域不安全行为风险预警管理相关研究

(1)民航管制员不安全行为相关研究

1)民航管制员不安全行为风险形成机理相关研究。部分学者探讨了管制员失误分类以及失误、违章行为心理方面的影响因素。吴聪等采用 HERA-JANUS 模型分析了不安全事件的案例,确定了人误[①]类型、人误认知模式,探讨了人误认知、相关因素,得出空管不安全事件分析结果,该研究从心理学的角度更深入地分析了人误,但未进行定量分析;Skaltsas 等开展了基于统计模型的空中交通管制员与飞行员之间通信失误的研究,采用来自美国空域的高空和超高空航路区域的管制员飞行员语音消息的数据,得到了12 种影响因素,通过回归分析探讨了影响通信的最重要因素,但因素并不全面;王永刚和叶仕强界定了民航管制员安全行为能力的内涵,根据文献和空管业务构建了安全行为能力的指标体系,采用层次分析法和模糊综合评价法定量评价了安全行为能力,为管制员安全行为能力的评级提供了参考,但未分析安全行为能力与安全行为的关系;罗晓利等根据信息加工建立了管制人误多层次的分类分析流程,从外部、信息加工过程、内部和心理致因等方面剖析了空管不安全事件中的空管人误因素,有助于挖掘心理致因,但未确定人

---

① 　人误:是人为失误的简称,全书一致。

误指标权重;杨越等在感知、记忆、计划决策和响应执行 4 个认知层面划分管制员人误类型及差错根因类别,采用基于粗糙集理论和贝叶斯网络计算了各认知领域的差错风险表征值,分析了不同管制情境中的空管人误风险,研究表明警觉性失效、信息处理失误、环境干扰和信息传输不清晰是引发不安全事件的高风险因素。

部分学者分析了安全氛围等因素的作用。王霞基于社会认知理论构建安全氛围、心理资本、管制员违章行为三者之间的理论模型,分两次向北京等地空中交通管理局及机场空管站发放问卷,采用多层回归分析处理数据,验证了模型假设,虽然分析了安全氛围和心理资本对违章行为的作用机理,但还需考虑其他因素的作用;Mezentseva 等评估了安全氛围在授权领导与正念组织之间起中介作用,以及安全文化理解作为安全的制定价值是否调节授权领导对团队安全氛围的影响,结果表明强烈的安全氛围是正念组织的显著预测因子。

Mohammadfam 等认为情境意识通常是安全表现的一个指标,通过自述式多段问卷测量所有变量,路径分析结果表明安全知识和嗜睡对安全行为和人为失误具有影响效应,疲劳仅通过情景意识对安全行为和错误行为起中介作用,安全控制点仅通过情境意识对人为失误有中介作用。然而,更好的安全知识和内部安全控制点可以提高情境意识,日常困倦和疲劳对情境意识有显著的不利影响,情境感知是一些安全行为和人为错误的直接原因;Schopf 等结合社会学习理论和社会交换理论,提出并探讨了领导层面与空中交通安全员工安全行为之间的关系,数据来自欧洲航空导航服务提供商的 49 名空中交通安全员工,他们在 1~5 个连续的班次中对现任主管的仆人式领导、可信度、领导与成员的交流、对安全的支持以及他们自己的安全合规和安全公民行为进行评分,结果表明主管诚信与员工安全行为呈显著负相关。

少数学者认为技术设备会导致认知错误。Corver 等认为新的电子协调和冲突检测工具会降低管制员认知错误的可能性,但也可能导致新的认知错误,因此在两个欧洲区域控制中心进行了定性分析,使用 TRACEr 方法比较了可能的认知错误模式,结果支持了这一观点,虽然得出了与新的工具相关的失误类型,但未分析失误的其他影响因素;动态可视化工具使用户能够更有效地解决飞行冲突,减少表现失误,Durand 等使用两种不同的显示方式比较了受训管制员和有经验的管制员的表现,结果表明在使用冲突可视化工具时表现更好;袁乐平等基于管制员认知过程,使用 E-prime 搭建实验平台模拟管制员监听机组复诵场景,分析了被试在不同场景即无线电频率、是否使用管制员母语、陆空通话语速和指令复杂程度 4 个维度对管制员监听差错的影响,结果表明不同场景均会导致管制员监听差错的显著差异。

部分学者分析了工作任务层面的失误致因。项恒和梁曼结合管制工作特点构建了管制员的核心工作任务模型，收集了事故的静态数据和动态数据，根据管制员核心工作任务的相互关系，确定了管制员在核心任务中出现的问题，细化了失误的关键任务，找到关键问题，该方法可以有效避免主观判断，但未分析失误的深层次因素；赵琦根据进近管制员陆空通话特点和国外文献对影响进近管制员监听失误的因素进行了归纳，因素包括通话特征、空中交通情况和管制员个体特征3个方面，利用 Logistic 模型分析了影响因素对监听失误的影响显著性，该研究聚焦到监听失误并考虑了空中交通复杂程度和管制员主体差异，但忽略了记忆、反应等隐性因素。

王洁宁和庾睿基于人误发生机制和致因链路构建了空管人误本体模型，选取美国航空安全报告系统中的管制移交人误不安全事件进行实例验证，采用贝叶斯网络诊断出了管制任务和管制环境等人误的主因，诊断了管制移交过程中人误因素并得出了关键差错行为，但有待诊断空管人误风险问题；Truschzinski 等调查了需要注意和高精度的复杂任务的难度如何影响空中交通管制员情绪状态、认知负荷和任务绩效，调查方式包括通过问卷调查记录瞳孔扩张和影响的变化，使用"eXperience 感应机器"中的沉浸式人类可访问虚拟现实空间执行空中交通管制任务，避免了自我报告的主观性，但模拟实验与真实场景存在差异，致使实验存在误差。

一些学者探讨了管制员的工作负荷因素。Öge 等根据空中交通管制单位的高工作要求、不容忍错误、长时间工作和夜班的独特性以及极端工作要求，选择工作场所的孤独感和工作家庭冲突作为因变量，考察了工作参与分别在家长式领导和工作孤独、工作家庭冲突之间的中介作用，但还需探究调节变量；Bongo 等综合使用 DEMATEL－ANP 和 PROMETHEE Ⅱ 方法来减少管制员的工作负荷压力问题，根据压力的分类、原因和影响识别了压力因素，该书通过确定克服工作负荷压力的最佳方法加强了对管制员管理的决策辅助研究，但未能提出针对空中交通管制员工作负荷压力问题的更多备选方案；Bernhardt 等通过增加释放的飞机数量和分散注意力任务的存在操纵场景工作负荷，在一个高保真度、可变工作量的方法控制场景中收集空中交通管制学生的脑电图和瞳孔直径记录，评估了商业上可用的脑电图对不同经验空中交通管制学生的工作负荷和工作投入的认知状态指标的有效性，但脑电图存在误差。

Bongo & Seva 在菲律宾的一个实际塔台控制中心进行了一个案例研究，探讨了疲劳对空中交通管制员的工作负荷、态势感知和控制策略的影响，结果表明疲劳与工作量呈负相关，对态势感知有显著影响，也与视觉显示终端有显著关系；Li 等认为由于空中交通管制人员失去态势感知，人为差错的发生率将会增加，这也可能受他们感知到的工作量的影响，提出一种两阶段分析方法，用于揭示态势感知相关的神经生理模式，并利用 EEG 和眼跟踪数据（模拟空中交通管制雷达）分层识别了空中交通管制人员的态势感知损失与工作量相关;Mélan & Cascino 通过一份特定的问卷调查了评估轮班时间表(修改后的与初始的)和交通负荷对疲劳、警觉性(轮班时、醒来时、日常非工作活动期间)和睡眠(持续时间、满意度)的影响,得出空中交通负荷影响工作时和日常非工作活动时的警觉性,轮班重组对睡眠或警觉性没有整体影响;唐历华等采用整群抽样法调查了交通管制员职业应激及其影响因素,探讨了某地区管制员的职业应激特点情况,分析了各个影响因素,结果表明空中交通管制职业紧张比例较高。

众多学者从运行系统角度识别了不安全行为及其致因。霍志勤和谢孜楠修改了Reason 模型,根据民航现实情况建立了可用于分析空中交通管制不安全事件的框架,论述了框架的 4 个层次,如管理失效、不安全行为的前提、不安全行为、防御系统,具有较强的适用性和实用性,但未分析各层次之间的关系;刘福鳌等分析了空中交通管制的工作特点,通过人的因素分析和分类系统方法剖析了影响管制员人因失误的因素,基于此构建了指标体系,提出了管制员人因失误的预防措施,但未进行定量研究;甘旭升等采用HFACS 模型找出空中相撞事故的人为差错致因,并系统地分析了在巴西卡欣布上空发生的一件空中相撞事故,虽然按从低到高的顺序剖析了事故的显性因素和隐性因素,但未考虑影响因素的选取问题。

王洁宁和孙晓萌认为安全属于系统控制方面的问题,根据系统理论过程剖析了空管运行系统,从系统每一个组件中识别了不安全行为,将管制员不安全行为分类,验证已识别的不安全行为的规范化描述和系统不安全状态,虽然从系统的角度识别了空管运行系统不安全事件的潜在危险行为,但未分析不安全行为的潜在影响因素;王晴昊等采用系统理论过程分析方法分析进近着陆阶段飞行安全的控制性问题,识别了飞行员和管制员的不安全控制行为及其致因,计算了飞机进近着陆过程,直观地体现了飞机进近着陆的危险状态,但未显示不安全控制行为的状态。

Lower 等将 HFACS 结构的层次与 STAMP 安全控制结构的组件相结合,通过 HFACS优化 STAMP 的失误分类,并用于事故分析,有助于分析人、技术设备和环境之间的相互作用,但未进行定量分析;高自亮等通过人因分析与分类系统(HFACS)模型的分析思路总结了 17 项空管不安全事件人为因素,利用解释结构模型(ISM)建立了空管不安全事件人为因素 5 级递阶层次结构,最后从组织层面和个人层面分别提出了空管不安全事件的预防对策;罗晓利和李海燕论述了空管中人的因素研究的方法和模型,如 PBTB 模型和Reason 事故链模型,用人因模型分析了民航空管中存在的不安全事件。

陈芳等根据管制员不安全行为的形成过程制定了干预策略,采用系统动力学方法构建了管制员不安全行为干预策略模型,仿真模拟了不同奖惩政策和处罚政策下不同不安全行为的变化趋势,得出了最佳组合干预策略,虽然考虑了系统整体行为,但人为地赋予模型变量初始值缺乏科学依据;王洁宁和张聪俊应用 STPA 方法全面系统识别了飞机冲偏出跑道的机组人员和管制员人为差错等不安全控制行为,分析了神经网络的原理,将从美国航空安全报告系统中选取的关于冲偏出跑道的事件报告作为数据源,将人为差错作为 BP 神经网络的输入层节点,经过计算得到不同阶段冲偏出跑道的主要不安全控制行为,虽然采用了文本形式的客观数据,考虑了系统组件的交互,但所需数据量大。以上研究对本书提供了启示:将不安全事件作为数据源,采用 HFACS、STPA 等系统的方法识别空管运行过程中的不安全行为。

部分学者采用实验法和量表等对管制员失误的疲劳因素进行了研究。李敬强等选用巴甫洛夫气质量表采集了初始管制员神经系统特性数据,选取 66 名初始管制员作为试验对象,将收集到的神经系统特性与差错的发生概率、反应时数据进行相关分析和回归分析,虽然分析了神经系统特性对管制员人因差错的影响,但精确性尚待加强;袁乐平设计了 4 种疲劳和高负荷情形状态,将失误分为过程型失误和结果型失误,在塔台管制模拟环境下进行实验,分别统计分析 4 种实验情形下的过程型失误和结果型失误的差异,发现过程型失误多于结果型失误,这有助于对管制员处于不同疲劳和工作负荷状态下产生失误的规律进行分析,但未划分合理的疲劳及工作负荷水平区间;Aricò 等对神经生理指标的研究进展进行了重点和有组织的综述,介绍了空中交通管理领域中涉及最多的 HFs 和相关认知过程(心理负荷和认知训练)的最新进展,指出未来在培训和专业知识评估中采用新的客观评估方法(即神经测量学),但未进行实践研究。

Nealley & Gawron 总结了疲劳对空中交通管制员的影响,对与疲劳直接和间接相关的多个术语进行文献检索,以确定空中交通管制中疲劳和绩效研究缺陷,并综合了有关空中交通管制员疲劳的知识体系,可用于指导未来的研究以及为空中交通管制员开发疲劳风险管理系统,但未进行实践研究;Fowler & Gustafson 使用生理唤醒和视觉警觉性的眼压计客观测量了 22 名军用空中交通管制员的瞳孔直径、幅度、潜伏期和速度,使用斯坦福嗜睡量表评估感知警觉性,对比了实验组和控制组的生理和感知警觉性,视频游戏显著提高了空中交通管制员的生理警觉性并减少了疲劳,但实验和现实存在差异;Chang 等认为疲劳是最重要的问题之一,因为它被认为是人因失误的潜在风险因素,使用 Samn-Perelli 疲劳量表来测量台湾国际机场控制塔中空中交通管制员的疲劳程度,揭示了在安排工作时间表时休息时间和任务时间的重要性,有助于相关单位改进和调整班次时间表,但缺乏心理疲劳的探讨。

少数学者关注了管制员的纠正、培训等管理因素。王燕青和吴伟杰建立了管制员不安全行为观察规则、反馈与循环观察过程,根据其工作特点和相关事故征候的原因归纳整理不安全行为的类型,观察和纠正了产生频繁并且后果比较严重的两种行为,该方法

有利于使管制员养成安全行为的习惯,但未评价不安全行为产生的可能性和后果;Teperi
等为提高空管工作和空管人员的安全性,提出了一种易于空管人员使用的人为因素
(HF)工具,邀请空管人员使用该工具分析了27个航空交通管制单位事件报告的因素,
使用开放式问题问卷对HF工具的用户体验进行了评估,有助于空管人员了解航空中交
通管制单位事件报告因素的性质,但需要进行更广泛的培训;Kate & Rebecca分析了事件
报告以量化团队工作失误对空中交通管制事件的影响程度,通过对管制员的访谈了解他
们对空中交通管制团队、团队合作和团队错误的看法,考虑了地理位置相同和不同的团
队,这为管制员制定专门的空中交通管制团队资源管理培训计划奠定基础,但访谈掺杂
主观因素。

总的来说,国内外学者对于管制员不安全行为风险形成机理的相关研究如表1-1
所示。

表1-1　国内外学者对管制员不安全行为风险形成机理的相关研究

研究者	不安全行为	影响因素	研究方法和理论
吴聪等	人误(违规或差错)	信息加工	HERA-JANUS模型
Skaltsas等	管制员与飞行员之间通信失误	时间间隔、进站、通信传输等	统计分析
王永刚和叶仕强	——	安全行为能力	文献和空管业务
罗晓利等	人误	内部及心理致因	信息加工理论
杨越等	人误	感知、记忆、计划决策和响应执行	认知差错回溯分析
王霞	违章行为	安全氛围、心理资本	社会认知理论
Mohammadfam等	安全行为和人为失误	情境意识、安全知识、嗜睡、安全控制点	问卷调查
Schopf等	安全行为	主管的仆人式领导、可信度、领导与成员的交流、对安全的支持等	问卷调查、社会学习理论和社会交换理论
Corver等	失误	新的电子协调和冲突检测工具	定性分析
项恒和梁曼	人误	工作任务	访谈和调查
赵琦	监听失误	通话特征、空中交通情况和管制员个体特征	进近管制员陆空通话特点和国外文献

续表 1-1

研究者	不安全行为	影响因素	研究方法和理论
王洁宁和庾睿	人误	感知和警觉性类、记忆类、管制任务类和管制环境类	HERA-JANUS 模型
Truschzinski 等	——	工作任务	问卷调查、实验
Öge 等	——	工作场所的孤独感、工作家庭冲突、家长式领导	空中交通管制单位的要求和特点
Bongo 等	——	工作负荷压力	文献、DEMATEL-ANP 和 PROMETHEE Ⅱ
Bernhardt 等	——	工作负荷	实验
霍志勤和谢孜楠	——	管理失效、不安全行为的前提、不安全行为、防御系统	Reason 模型、HFACS 模型
刘福鳌等	人因失误	组织影响、空管不安全监督、管制员不安全行为的前提、管制员不安全行为	HFACS 模型
甘旭升等	人为差错	组织管理、不安全的监督、不安全行为的前提条件、不安全行为	HFACS 模型
王洁宁和孙晓萌,王洁宁和张聪俊	不安全控制行为	天气等外部环境	STPA
王晴昊等	不安全控制行为	飞行员/机组、自动着陆系统、操控系统、管制员等	STPA
Lower 等	——	人、技术设备和环境之间的相互作用	HFACS 模型、STAMP
陈芳等	不安全行为	安全技能、安全培训、管制员数量、指挥航班量、排班密度、安全投入、疲劳水平、工作环境等	文献
李敬强等	人因差错	神经系统特性	巴甫洛夫气质量表
袁乐平	失误	4 种疲劳和高负荷情形	实验
Aricò 等	——	神经生理指标	文献
Nealley & Gawron, Fowler & Gustafson	——	疲劳	文献、实验
Chang 等	人因失误	疲劳	疲劳量表
王燕青和吴伟杰	不安全行为	冲突航班不进行冲突连线、不根据进程单飞行动态核实、偏置程序执行不力等	事故分析、实验
Teperi 等	——	人为因素工具培训	问卷
Kate & Rebecca	团队工作失误	空管团队资源管理培训	访谈

2）民航管制员不安全行为风险预警模型相关研究。部分学者评估了空管系统运行风险。李彤等将 Choquet 积分作为空管运行风险决策系统内多个威胁和差错风险的度量,计算了天气和助航设备等风险因素的 Shapley 交互作用指标值,基于联盟的风险评估法有助于获得更加贴近运行实际和更可靠的风险值,此方法考虑了因素间的相互作用,但未划分风险的等级;霍志勤和罗帆介绍了空管安全预警管理的现状,阐述了预警研究的沿革和预警思想在民航中的应用,分析了空管安全预警管理的五大原理、模式及三大系统功能,提出了空管安全预警管理规划和实施中应注意的问题,但只是在理论上探讨,并未进行实践研究;罗帆等根据访谈和咨询专家意见选取了空管安全风险的主要影响因素,分析了因素与指挥失误风险事件之间的因果反馈关系,基于访谈调研收集到的资料和专家经验对变量赋值,仿真预测了未来 5 年的空管安全风险,虽然考虑了预警决策呈现的复杂性和非程序性特征,但人为地对变量赋值缺乏科学依据。

赵嶷飞和万俊强基于 SHEL 模型设计了空管运行风险评价指标体系,划分了风险等级,确定了 5 个集对分析联系度以及评价指标与标准风险程度各级别之间的联系度,采用熵权法与超标倍数赋权法确定指标的权重,该方法降低了主观赋权造成的误差,但未定量化处理部分定性指标;姚光明和曹悦琪分析了空中交通管制系统运行安全的主要影响因素和运行数据产生的来源,构建了预警知识库,通过主成分分析法对运行状态基础向量进行分析,并聚类分析了预警知识,实现了对空中交通管制运行安全的风险评估和及时预警,但预警等级划分较多,未具体分析人因方面。以上研究为本书提供了启示:从空管运行角度分析系统其他因素对人的影响。

总的来说,学者对空管系统运行风险预警模型的研究如表 1-2 所示。

表 1-2 学者对空管系统运行风险预警模型的研究

研究者	研究对象	研究内容	研究方法
李彤等	空管运行风险	风险评估	模糊测度和 Shapley 值
霍志勤和罗帆	空管系统	安全预警管理	理论分析
罗帆等	空管安全风险	风险预测	系统动力学
赵嶷飞和万俊强	空管运行风险	风险评价	集对分析、熵权法与超标倍数赋权法
姚光明和曹悦琪	空管系统运行安全	风险评估	主成分分析

少数学者预测和识别了疲劳风险。惠金有分析了管制员疲劳特征及影响因素,构建了警觉能补充函数,在此基础上将警觉动能转变为疲劳风险指数,以警觉能原理为基础

构建了生物数学疲劳风险预测模型,采用某一管制员的睡眠历史记录进行了实证分析,该方法实现了对疲劳的预测,但未探讨疲劳对不安全行为的影响;王超等为从管制员的嘴部陆空通话行为中准确区分哈欠行为,降低管制员疲劳工作产生的安全风险,提出了一种基于视频的结合卷积神经网络与长短期记忆网络的管制员嘴部行为识别方法,结果表明基于视频的加入时间信息的哈欠检测方法更适合管制员的工作条件;杨昌其等将3种疲劳状态下的陆空通话语音分别转化为可同时反应时域与频域特性的语音频谱图像,利用灰度共生矩阵提取四维典型的特征参数,对比管制员在不同状态下特征参数的变化情况,将所选特征作为管制员疲劳检测模型的输入特征进行检测,结果表明对管制员疲劳状态检测的效果较好。

众多学者对管制员失误和差错发生的概率进行了评估,如表1-3所示。梁曼等将组织因素加入SHEL模型中形成了SHELLO模型,利用贝叶斯网络分析空中交通管制事故的致因关系,根据统计资料计算管制员与其他因素之间各基本风险事件的条件概率,反向推理各基本事件的后验概率,此方法处理了不确定性问题,但未分析管制员本身的不安全行为风险因素;Matsuoka & Amai采用危害和可操作性分析方法(HAZOP)评估了空中交通管制中的人为差错数据,量化了在开发阶段发生事故的可能性和危险严重程度之间的比率,讨论了基于最近世界各地灾难性航空事故统计数据的安全指数,导出了定量的安全指数。

周航和王瑛基于SHEL模型构建了管制员人为差错风险评估指标体系,利用遗传算法优化BP神经网络计算初始权值和阈值,将从某空管局获得的定量指标和定性指标作为数据样本,将风险评估等级分为四级,训练评估数据样本,此方法能够提高评估的精确性,但风险等级的确定具有主观性;杨智和罗帆根据空管班组交通指挥工作行为流程划分了班组行为风险的主要类型,以问卷调查的形式筛选关键指标,建立了用于评价班组安全行为风险的模型,通过有序聚类的最优分割算法对班组安全行为风险阈值进行划分,有助于防止阈值过松过严而导致的漏警虚警,但权重设置参杂主观因素。杨智和罗帆构建了5种管制员工作差错的预警指标体系,利用粗糙集优化指标,约简信息系统中的条件属性,利用BP神经网络的优势对连续的非线性函数进行精度逼近,能够对实际管制员工作差错风险状态值变化进行实时预警监测,但采用专家评判法收集数据具有主观性。

高扬和朱艳妮改进了人的失误与减少方法中的任务分类及差错诱发条件,采用该方法得出了管制员在调配飞行冲突过程中出现人为差错的概率,有助于确定差错诱发条件及其影响程度,但权重确定存在主观性;袁乐平和张兴俭确定了管制员任务场景,对人为差错概率进行了融合,确定了差错诱发条件及其最大影响值,据此计算了管制员人因可靠性,采用该方法进行算例分析,计算了管制员调配飞行冲突场景中的人为差错概率,但未考虑个体因素的影响;李敬强等设计一个反映管制信息加工过程的反应模式,采用图形组合测试信息加工过程,建立了差错概率初始计算公式,通过选择正态分布的代表点将差错概率等级划分为五级,在实验室进行了测试,有助于量化管制员人因差错发生率,但未在实践中应用。

刘继新等归纳了合适的管制员人因失误种类,使用 CREAM 方法提取并改进了成功似然指数法(SLIM)中的人因失误行为形成因子,通过计算得到管制员人因失误概率值,虽然使用改进的 SLIM 在缺乏数据和模型的情况下定性和定量地计算了管制员调配飞行冲突时的人因失误概率,但未对比分析不同管制员人因失误对飞行冲突的影响;陈芳等基于 HFACS 构建了管制员人为风险评估指标体系,利用毕达哥拉斯模糊集将专家评估语言转换为定量信息,运用改进 TOPSIS 表征各指标之间的相对重要关系,综合评价指标确定风险排序结果,构建了基于毕达哥拉斯模糊和改进 TOPSIS 的管制员人为风险评估模型,评估结果表明管制员身体状态不佳疲劳工作、管制员与飞行员沟通时用语不规范等指标风险较高;杨越等采用认知可靠性与失误分析方法中的扩展预测法,计算 10 项管制通用任务的人误概率,在此基础上,以管制行为形成因子作为根节点构建贝叶斯网络,建立与情景控制模式的不确定关系模型,对管制员在多任务中的人误概率进行了预测。

表1-3 学者对管制员失误和差错风险预警模型的相关研究

研究者	研究对象	研究内容	研究方法
梁曼等	管制员人为因素安全风险	风险评估	贝叶斯网络
Matsuoka & Amai	管制人为差错	风险评估	危害和可操作性分析方法(HAZOP)
周航和王瑛	管制员人为差错风险	风险评估	遗传算法优化 BP 神经网络
杨智和罗帆	空管班组安全行为风险	风险评价	有序聚类的最优分割算法
杨智和罗帆	管制员工作差错风险	风险预警	BP 神经网络
高扬和朱艳妮	管制员人为差错概率	风险评估	人的失误与减少方法
袁乐平和张兴俭	管制员人为差错概率	风险评估	管制员行为可靠性分析方法
李敬强等	管制员人因差错概率	风险评估	信息加工模型、概率公式
刘继新等	管制员人因失误概率	风险评估	成功似然指数法、端点绝对概率判断法
陈芳等	管制员人为风险	风险评估	毕达哥拉斯模糊集、改进 TOPSIS
杨越等	空管人误概率	风险预测	认知可靠性与失误分析方法(CREAM)、神经网络

一些学者聚焦于空管事故或不安全事件的风险识别、评估和预测研究,如表 1-4 所示。罗军和蒋坷粼分析了导致跑道侵入的管制员等人为因素,根据我国民航空中交通事件报告中跑道侵入事件失误类型计算因素的权重,采用认知可靠性与失误分析法计算管制员等人员预防跑道侵入的失误率,得到了合理的机场跑道侵入风险率,但未划分人的失误率区间;王洁宁和庚睿同时映射飞行冲突调配任务领域本体类、属性和实例到 BN 模型,选取美国航空安全报告系统中的相关事件数据作为样本,根据互信息值判断耦合度的大小,以一起因管制原因引发的飞行冲突事件为例识别了关键风险,虽然定量描述了不确定性语义关系,分析了不同空管任务差错耦合引发的飞行冲突风险,但事件数据未全面包含空管任务差错因素;韩鹏等基于试飞活动飞行剖面,分析管制单位试飞保障流程,提取管制运行风险对试飞活动的影响因素,采用事故树分析法分析事故发展过程,将事件和逻辑关系映射至贝叶斯网络,基于变量消元法计算后验概率,评估了试飞活动风险,得出导致试飞活动空管保障环节不安全事件的关键致因。

Kontogiannis 等指出下一代航空运输管理(ATM)要求基于绩效的安全管理完全整合到无缝运行管理中,因此提出了一个基于 4 个设计原则的 ATM 控制台风险信息构建框架,该框架适用于区域机场的进场管制单元,用于设计性能仪表板,该仪表板与用于管理危险和安全屏障的安全模块相连,但未包含人的信息;岳仁田和张知波在脆弱性理论的基础上构建了脆弱性因素耦合模型,分析特征要素演化过程中系统运行状态的变化特点,并参考免疫学理论分析亚安全态的本质,最后利用 N-K 模型计算不同脆弱性因素耦合值作为评估各特征要素边界集合,利用云模型逆向云发生器评估特征要素边界,综合所有脆弱性因素,并验证系统最终运行状态。

Shi 等认为风险因素识别通常受到大小、复杂性、需要人类参与分类事故数据,因此采用局部挖掘技术将可理解的文本数据(Aviation Safety Reporting System 中的事故数据)转变成模型输入,用数据流算法不断为风险因素识别建立和检验分类模型,有助于自动精确识别风险因素,但未进行聚类、预测;Ni 等针对民用航空大数据的特点,提出了基于深度学习的不安全飞行事件发生率预测方法,该方法是深度信念网络(DBN)与主成分分析(PCA)的结合,与灰色神经网络等方法相比,该方法具有更好的预测效果,同时可以提取主要影响因素,但未预测事故征候及严重事故率;Gravio 等借鉴美国联邦航空局和欧洲管制局航空绩效因子的经验,运用层次分析法构建综合的、用户友好的空中交通管理安全相关指标,通过对一段时间内的安全事件的分析和组合,该模型可以精确定位危急情况并解决决策者的干预问题,但有待用于预测安全绩效;Gravio 等基于航空绩效因素和层次分析法,对空中交通管理安全评价进行改进以制定主动安全指标,通过建立安全事件的统计模型预测安全绩效,并将文献分析得出的结果与历史数据解释的分析模型进行蒙特卡罗模拟;朱永文等从交通管制、空域管理、流量控制3个方向剖析了传统空中交通管理面临的挑战,指出未来应从航空器、空域、管制决策、运行等方面着手构建空中交通智能化管理技术体系,空中交通将广泛应用互联网、人工智能、大数据、云计算、传感网等新兴技术。以上研究为本书提供了启示:采用数据挖掘方法剖析 ASRA 中的事故文本数据,形成数据样本库,从中识别风险因素,预测不安全行为的发生。

表1-4 学者对空管事故或不安全事件风险预警模型相关研究

研究者	研究对象	研究内容	研究方法
罗军和蒋垌粐	机场跑道侵入风险	风险评估	认知可靠性与失误分析法
王洁宁和庾睿	飞行冲突风险	风险评估	本体描述逻辑、贝叶斯网络
韩鹏等	航空器试飞活动空管不安全事件风险	风险评估	事故树分析法、贝叶斯网络、变量消元法
Kontogiannis 等	航空运输管理信息框架	风险识别	理论研究
岳仁田和张知波	空管运行亚安全态	风险识别	N-K 模型、云模型逆向云发生器
Shi 等	不安全事件	风险识别	局部挖掘技术
Ni 等	不安全飞行事件发生率	事件预测	深度信念网络、主成分分析
Gravio 等	空管安全事件	风险评价	层次分析法
Gravio 等	空管安全绩效	风险评价	层次分析法、蒙特卡罗模拟

3)民航管制员不安全行为风险控制的相关研究。部分学者探讨了管制员失误或不安全行为的培训等干预策略,如表1-5所示。Read & Charles 通过对终端单位的现任管制员的访谈,以了解他们对 ATC 团队、团队合作和团队合作错误的看法,并确定不足之处,指出空管团队资源管理培训应集中促进对认知过程的理解,从而有助于减少空管团队工作失误;Malakis 等指出管制员的培训很大程度上依赖代表各种正常和紧急情况的模拟器的使用,使用合格的空中交通管制员,要求他们参加各种场景下的终端雷达进近管制模拟课程,将机器学习方法为这些场景开发决策树和分类规则,结果表明决策树和分类规则是准确分类情景的有用工具,而复杂性需要更多的预测因素。

Hedayati 等采用因果对比的方法,通过控制年龄的影响,探讨了情景感知、短期记忆、持续注意和计划能力等认知功能,以及外向性、情绪性、冒险性等人格特征对空管人员人为失误的影响,为了控制年龄对认知功能和人格特征的影响,使用协方差分析比较各组数据,得出可以通过使用认知和人格筛选工具,努力将敏感职业(如空中交通管制)的潜在错误降到最低;王超和韩杏指出空管组织安全文化对管制员的安全意识和安全态度具有无形的影响,并对其不安全行为产生作用,将安全文化划分为沟通交流、学习培训、社会环境等8个维度共52个题项,形成初步量表,基于问卷调查对量表数据分析,最终形成了正式空中交通管制组织安全文化量表。

吴维和罗欣然从网络化视角构建了系统动力学模型以分析进近管制运行风险演变与控制,利用过程识别理论将风险分为主动控制失效和反馈控制失效,从动力学视角分析致因间作用机制,构建了系统动力学模型与动力学方程,给出了风险致因对风险水平影响机理和控制策略;Callari 等指出正念组织这一社会过程是由一线操作员广泛实时沟通和互动提供的,认为安全是通过这些人类过程和关系来实现的,基于空中交通管制的案例研究提出了正念组织的概念,指出"团队之间的协调"和"问责制"为正念组织的重要维度,调查了正念组织结构能够在多大程度上指导组织应对突发事件。Başpınar 等认为应对航空运输日益增长的需求,高水平的自动化支持似乎是不可避免的,因此提出了一种基于优化的自主空中交通管制系统,并给出了该系统空域容量的确定方法,验证了所设计的空中交通管制系统能够比现有的交通管制系统更好地管理交通密集度。

表1-5 学者对管制员不安全行为风险控制的相关研究

研究者	研究对象	控制方法	研究方法
Read & Charles	空管团队工作失误	空管团队资源管理培训	访谈法
Malakis 等	空管正常和紧急场景	管制员的培训	机器学习、发决策树和分类规则
Hedayati 等	空管人员人为失误	年龄、认知功能、人格特征	协方差分析、认知和人格筛选工具
王超和韩杏	管制员不安全行为	安全文化(沟通交流、学习培训、社会环境等)	问卷调查
吴维和罗欣然	管制运行风险	主动控制和反馈控制	系统动力学模型、动力学理论
Callari 等	空管突发事件	正念组织	空中交通管制的案例研究、问卷调查
Başpınar 等	空中交通密集度	自主空中交通管制系统	整数线性规划(ILP)、程序设计

4）文献评述。一是管制员不安全行为风险形成机理研究现状分析。从以上相关文献可以看出目前管制员不安全行为风险形成机理研究取得了有价值的研究成果。在研究内容方面，国内外学者从不同方面分析了管制员不安全行为风险因素，例如安全行为能力、心理资本、疲劳、工作任务、技术设备和工作负荷等因素。少数学者关注了管制员不安全行为的纠正、培训等管理因素。一些学者将不安全行为作为系统中的一部分，从运行系统角度识别了不安全行为及其致因。然而，管制员的不安全行为是多种因素造成的，已有研究对不安全行为的影响因素分析不够全面，较少学者从多个角度全面进行识别，难以得到系统的管制员不安全行为风险因素。

在研究方法方面，多采用文献、访谈、调查等方法分析管制员不安全行为风险因素。部分学者运用 Reason 模型、人的因素分析和分类系统方法、系统理论过程分析方法等系统分析了管制员人因失误影响因素，但无法鉴别主要因素和次要因素以及因素之间的因果关系。本书从系统的角度出发，全面识别管制员不安全行为风险因素，构建概念和层次关系更加清晰和全面的管制员不安全行为风险因素概念模型，理清风险因素对不安全行为的影响机理。

二是管制员不安全行为风险预警模型研究现状分析。国内外管制员不安全行为风险预警模型方面的研究成果有限。就研究内容而言，部分学者评估了空管系统运行风险的评估、预测，少数学者预测了疲劳风险。一些学者聚焦空管不安全事件的风险识别、评估和预测研究，但未预测不安全行为。管制员人为差错风险评估方面取得了丰富的成果，已有学者对管制员失误、差错发生的概率进行了评估，但对管制员不安全行为风险的预警有待深化。在研究方法方面，风险评估方法日趋成熟，目前学者多运用贝叶斯网络、层次分析法、认知可靠性与失误分析法等方法进行风险评估。

总的来说，目前针对管制员不安全行为风险评估的研究较为成熟且应用广泛，而对于预警管理的研究相对薄弱。本书以管制员不安全行为风险因素为基础，构建监测预警指标体系，以实现管制员不安全行为风险的监测预警管理。管制员不安全行为风险预测预警研究方法较为有限，有学者采用 BP 神经网络构建管制员工作差错风险预警模型，但在预测结果稳定性方面存在缺陷。鲜有学者分析管制员不安全行为风险因素间的关系，并构建风险预警模型。本书采用运行稳健的关联分析和非线性建模的方法，构建管制员不安全行为风险预测预警模型，实现对管制员不安全行为的未来发展趋势或状态的判断。

三是管制员不安全行为安全监管研究现状分析。空中交通管理以管制班组为工作形式，目前研究忽略了管制班组团队规范对管制员班组违章行为的影响，较少涉及管制班组中管制员违章行为和安全管理者的监管策略间的互动机制研究。本书综合采用演化博弈理论和系统动力学方法,构建团队规范下管制员有意违章行为和安全管理者的监管策略之间演化博弈的系统动力学模型,研究两者博弈的演化路径。

四是管制员不安全行为风险控制研究现状分析。在控制策略研究方面,已有研究使用系统动力学模拟分析不同干预策略对管制员不安全行为的干预结果,但仅分析了不同安全奖惩策略的干预结果。鲜有研究将系统动力学用于模拟分析管制员不安全行为风险多种控制策略的干预效果,忽略了控制的系统性。国内外学者侧重研究团队工作失误、空管人员人为失误、管制运行、空管突发事件等的风险管控,多采用培训、安全文化等单一的策略。采取科学、合理的风险控制对策,能够在不安全行为发生前避免和降低风险因素带来的损害,从而有效预防和降低不安全行为风险水平。现有研究制定系统的管制员不安全行为风险控制体系。本书使用系统动力学模拟仿真法实现风险控制策略效果分析过程,根据不同控制策略对系统的影响提出有效的风险控制策略,构建动态循环的风险控制体系。

综上所述,本书从管制员不安全行为风险因素识别出发,构建管制员不安全行为风险因素概念模型,在此基础上建立监测预警指标体系与预测预警模型,安全监管演化博弈模型,对风险控制策略进行仿真分析,提出科学有效的风险控制策略,建立风险控制体系,从而减少管制员不安全行为产生的可能性。

(2)民航飞行员不安全行为的研究

众多学者利用不安全事件,从认知、记忆和疲劳等方面分析了飞行员差错或失误的影响因素。孟斌和罗晓利收集了近20年典型的飞行人为差错不安全事件,建立了相关致因关系模型,采用关联规则提取飞行人为差错相关规则,绘制了认知差错模式与任务类型和引发因素的关系网络图,解释了关联规则挖掘结果;马丁·伯纳和李文进采用内容分析法将美国航空安全自愿报告系统中的人为差错事件转换为定量数据,分析了飞行员主动报告事件的原因和事件发生的因素,对比了空客和波音飞机在降落阶段诱发的与自动化系统有关的人为差错数量;姬鸣等将飞行员前瞻记忆失误情境分为插话式任务等5个方面,探讨了基于事件的前瞻记忆的4个研究取向,梳理了前瞻记忆在航空领域的研究范式和影响因素方面的研究。

王永刚等针对飞行员记忆的构成及影响因素设计问卷并收集数据,以 QAR 数据库中的不安全事件发生率作为安全绩效,将记忆数据和安全绩效进行了比对关联分析,探讨了不同因素对记忆的影响规律;刘俊杰和张丽娟将美国航空安全报告系统中的机组疲劳事件报告作为文本分析样本,运用语义网络分析法,根据事件产生的顺序,以疲劳为中心,向前对飞行员疲劳的原因进行追溯,向后对飞行员疲劳和其他因素对驾驶的影响进行推演;刘嘉等综合采用认知可靠性失误分析方法和自适应飞机驾驶员最优控制模型,建立了舰载机飞行员操纵行为模型,反映了飞行员认知行为和失误特点,对飞行安全着舰进行仿真发现飞行员失误并不等于飞行事故发生,在事发外界因素激发下事故率会显著提升。以上研究为本书提供了启示:利用不安全事件挖掘不安全行为的影响因素,关注不安全行为在外界因素激发下导致的不安全事件。

部分学者评估了飞行员失误的概率和后果。高扬等采用不确定理论认知可靠性和失误分析方法构建了飞行员应急操作可靠性模型,通过建立的事件序列对认知行为分类,确定了共同绩效条件因子的可靠性和权重,得出了认知功能失效模式,采用专家的主观信度量化不确定理论数据,计算出了飞行员四种应急操作人误概率;高扬等在 Reason 模型等多种人因失误模型的基础上,将机组常见失误分为 5 类,结合人为差错严重度分析法和灰色综合评价法,评估了机组人为失误对系统的风险。Chen & Huang 通过收集到的 484 起航空人为因素事件分析了影响机组人员表现的原因,构建了机组人员行为模型的贝叶斯网络,通过德尔菲法从事故报告中收集主观数据,由漏噪声最大模型得到条件概率,采用概率预测和概率诊断分析了 BN 模型中各因素与可能原因之间的因果关系。Kramer 等开展了一项飞行员在环内高保真运动仿真研究,以机组人员补充(两名机组人员、减少机组人员、一名飞行员)作为自变量,评估了飞行员在各种正常和非正常程序飞行时的行动,包括决策和反应。以上研究为本书提供了启示:将不安全行为分类,分析不同不安全行为风险。

已有学者系统探讨了机组人员不安全行为的影响因素和干预策略。Shappell 等通过获取的航空事故数据,采用 HFACS 模型,识别和分类了与航空事故相联系的机组人员、环境、监督和组织因素等人为因素;Chen & Yu 采用人为因素干预矩阵建立了不安全行为干预策略模型,根据台湾大型纵向商业航空事故报告,以机组人员、地勤人员、监管人员为干预对象,运用层次回归分析方法检验了干预策略对不安全行为的影响;Miranda 基于 HFACS 分析了潜在故障和主动故障之间的联系,采用贝叶斯定理概率公式分析了 95 起海军航空严重事故,确定了在事故中影响飞行员行为的 6 个具体方面。

陈芳等运用系统动力学方法构建组织因素对飞行员不安全行为的干预策略模型,以 S 航空公司为研究对象,通过调节组织因素中的飞行技术训练力度和奖惩力度等变量制定不同的干预策略,运用 VENSIM 软件模拟不同干预策略的干预结果;吕保和认为对不同性质的违章行为也要区别对待,采取有针对性的措施才能有效地控制违章行为,运用分类分析的方法,依据违章时行为人所处的状况,确定违章行为的 4 种基本类型并逐类分析其原因,提出了相应的控制防范要点。

郭海东等在充分考虑管理变量之间影响关系的基础上,提出了一套不安全行为组织管理的控制模型,首先结合行为安全"2-4"模型与反馈控制理论,确定不安全行为组织管理控制模型的范围,通过三角模糊数与 WINGS 算法,给出了识别管理漏洞及确定控制措施次序的方法;Jadidi 等采用观察法、访谈法等方法对不安全行为进行评价,在连续两个月安全培训和奖惩后,再次对不安全行为进行评价,采用比例检验等方法明确了变量之间的关系,在实施干预后不安全行为比例降至 17%,得出要减少不安全行为,必须持续实施安全培训课程和持续实施奖惩制度。以上研究为本书提供了启示:根据人为因素不安全事件数据,利用 HFACS 模型将不安全行为风险因素分类,提出系统的干预策略。

(3)民航机务维修人员不安全行为的研究

一些学者探讨了机务维修人员不安全行为的影响因素。王永刚和侯晓迪将不安全行为意向作为中介变量,提出了假设即维修资源管理中的因素会影响机务人员不安全行为,并利用结构方程模型进行了验证;王永刚和杨洁提出了组织因素与民航维修人员安全行为关系的假设,并采用结构方程模型进行验证,探讨了组织因素对民航维修人员安全行为的影响机理;Hobbs & Williamson 邀请机务维修人员使用自填问卷调查报告了涉及飞机维修的安全事件,确定了事件所涉及的失误类型以及与这些行动相关的致因,并分析了每种类型的错误与一组特定的促成因素和特定的发生结果之间的关联度。Fogarty 等基于计划行为理论分析了飞机维修中的违章行为产生的心理背景,通过结构方程模型探讨了不同心理因素作为违章行为的直接和间接预测因素的重要性。以上研究为本书提供了启示:分析个人因素、组织因素对不安全行为的影响规律,探讨失误或违章与其致因之间的关联度。

部分学者探讨了机务维修人员不安全行为的干预策略。陈芳等基于计划行为理论,对不安全行为的形成机制进行了分析,运用系统动力学建立了机务人员不安全行为干预模型,模拟了不同干预策略下不安全行为的变化;王永刚等针对民航机务维修人员习惯性违章行为,采用系统动力学构建了动态模型,分析了惩罚力度等因素对习惯性违章行为活跃水平的影响规律。以上研究为本书提供了启示:采用系统的方法分析不安全行为的形成机理并进行干预。

有学者计算了维修差错事件发生的概率。施志坚等构建了维修差错事件的贝叶斯网络,采用 CREAM 方法将硬件等影响因素归纳成九大共同绩效条件,将修正的行为活动失效概率作为贝叶斯网络模型的输入,得出了维修差错事件的发生概率;陈勇刚等从人为、设备、环境和管理 4 个方面分析了机务维修不安全事件风险,基于此构建了 N-K 四因素耦合风险模型,统计了民航机务维修中的典型不安全事件,计算了风险因素不同耦合方式时不安全事件发生的概率,分析了民航机务维修风险影响因素间的耦合关系。以上研究为本书提供了启示:将典型管制原因导致的不安全事件作为研究资料,从中识别不安全行为风险因素并分析风险因素间的关系。

一些学者分析了机务维修不安全行为造成的影响以及维修中的人为因素。Hobbs & Williamson 采用维修行为调查表测试了四类机务维修人员不安全行为,分析了不同行为对维修安全事件和工作场所伤害的影响;Rashid 等为了探索维修失误初始化和传播的实际机制,对航空维修环境中的人为失误相关研究进行回顾性研究,介绍了航空维修组织中重大维修人为失误的产生、积累和传播的新模型;Sheikhalishahi 等将维修中的人为因素分为人为错误/可靠性计算、工作场所设计/宏观人体工程学和人力资源管理三大类,采用瑞士奶酪模型和人体工程学领域框架分析了人为因素对维修决策的影响,有助于从不同角度评估人为因素的影响。以上研究为本书提供了启示:划分不同的不安全行为风险阈值和警级,减少不安全行为风险对系统安全的影响。

1.3.2 其他领域不安全行为风险预警管理相关研究

(1)建筑工人不安全行为的研究

多数学者较为关注工人不安全行为的影响因素及其之间的关系。李书全、冯雅清等根据确定的建筑施工不安全行为集合,通过社会网络分析建立了不同不安全行为之间关系网络模型,识别了处于权力中心的关键不安全行为及由此构成的连锁反应链;韩豫、梅强等根据行为主义理论,采用行为调查等方式,围绕外部特征、产成过程中的心理和行为变化规律及影响因素对建筑工人习惯性不安全行为进行了探讨,据此制定了干预对策;赵挺生、张淼等根据行为主义和认知等理论,对不安全行为的形成机制进行了分析,利用探索性因子分析和结构方程模型研究影响因子和地铁施工工人不安全行为的因果关系。

王丹、关莹等采用群体的视角探讨了在班组中建筑工人间不安全行为传播形式,运用社会网络分析方法构建了不安全行为传播理论模型,探讨了不安全行为传播网络结构特征、传播规律和内在属性;杨振宏、丁光灿等基于传播理论、相关文献及调研结果,识别了建筑工人不安全行为传播的影响因素并提出了假设,运用结构方程模型验证了影响因素对不安全行为的作用路径。以上研究为本书提供了启示,例如探讨群体内部不安全行为间的关系和传播机理,剖析不安全行为的形成规律。

少数学者研究了建筑工人不安全行为的干预策略。黄芹芹、祁神军等针对建筑工人习惯性不安全行为,在分析影响因素与干预策略之间关系的基础上,建立了结构方程模型并得出了路径系数,通过系统动力学仿真了各干预策略下各影响因素和不安全行为的变化;Shin 等采用系统动力学建立了建筑工人心理过程模型,对工人安全态度和安全行为的反馈机制以及由此产生的动态进行了分析,并检查了 3 种安全改善政策的有效性。

以上研究为本书提供了启示:根据各影响因素与各干预策略之间的关系,仿真模拟干预策略的有效性。

已有学者构建了工人不安全行为预警系统、评估模型及预测模型。郭红领等针对工人不安全行为,讨论了其类型,在对其预警的信息需求进行分析的基础上,开发了集成建筑信息模型和定位技术的预警系统;郭圣煜等通过摄像头行为分析功能对施工现场工人的不安全行为进行了自动识别和分类,运用智能视频动态监控不仅发现了不安全行为的异常变化迹象,还构建了实时预警机制;Ding 等采用卷积神经网络(CNN)和长短期记忆(LSTM)构建了混合深度学习模型,通过实验中的运动数据和现场录像,检验了该模型自动识别建筑工人不安全行为的能力。

Mohammadfam 等使用贝叶斯网络对电厂建设工人的安全行为进行了建模和评估,对预测因子和干预策略进行了探讨。Goh 等基于理性行为理论(TRA)探讨了隧道施工工人不安全行为的形成机理,并采用监督学习的方法评估了不同认知因素对安全行为影响的相对重要性;Jha & Patel 利用人工神经网络(ANN),以安全氛围构念作为输入,建立了人工神经网络模型来预测建筑项目员工安全工作行为;Guo 等构建了一个以大数据为基础的平台,采用此平台分类、收集并存储了地铁建设项目中工人不安全行为的图像,能够自动提取工作人员的不安全行为,并在 Hadoop 分布式文件系统上快速检索。以上文献对本书具有借鉴价值,如基于不安全行为风险因素构建监测预警指标体系,通过信息系统采集不安全行为风险预警指标相关数据信息,采用复杂科学和机器学习的方法对不安全行为进行预测。

(2)矿工不安全行为的研究

一些学者重点探讨了矿工不安全行为的影响因素及与不安全行为的关系。刘海滨和梁振东根据计划行为理论,提出行为意向对不安全行为影响的关系假设,通过问卷调查收集煤矿工人被记录的和未被记录的不安全行为数据,采用探讨了结构方程模型中的路径关系;王丹等通过心理角度针对人力资源管理、心理安全感及矿工安全行为之间的关系建立了理论模型,应用结构方程模型分析问卷数据,探究了煤矿工人的安全行为路径;成连华等依据工作年限和学历水平对矿工进行分类,类型包括知识型和经验型,采用班杜拉提出的社会认知理论,构建了不安全行为的概念模型,对其进行了实证分析,并通过结构方程模型进行了验证。

李琰和杨森从行为经济学视角构建了包括矿工属性、管理者属性以及矿工之间的交互影响规则的不安全行为决策模型,并对不同主体属性对不安全行为的影响进行了仿真模拟和探讨;田水承等设立了矿工的心理因素、工作压力反应和作业过程中的不安全行为关系的假设,通过结构方程模型验证了矿工的心理因素与工作压力反应和不安全行为的关系;Wang 等对中国山东省 7 个矿区的 1590 名一线煤矿工人进行了为期 3 个月的横断面调查,采用了主成分分析、二元逻辑回归和泊松回归的方法,分析了个人因素、组织因素和煤矿工人不安全行为之间的关系。以上研究为本书提供了启示:探讨心理因素对不安全行为的影响。

部分学者研究了矿工不安全行为的干预策略、风险评估和预警平台。李磊和田水承针对矿工不安全行为,从行为前、行为中、行为后 3 个方面设计了组合干预策略集,在此基础上采用系统动力学建立了组合干预模型并仿真模拟了干预效果;王秉等对安全信息、安全行为与安全行为干预 3 个基本概念进行了解释,构建了一种基于安全信息的安全行为干预的理论模型(S-IKPB),分析了 S-IKPB 模型实施的基本要素与方法;郑侨宏和韩勇运用 HFACS 理论探讨了矿工不安全行为影响因素,基于多元联系数构建了不安全行为风险态势评估模型,分析了不安全行为风险的变化趋势。

兰国辉等基于文献研究收集了影响煤矿员工安全行为的因素,构建了矿工安全行为结构方程模型并进行验证,结合模型分析结果和相应指标,搭建了复杂工作环境下的动态预警平台;佟瑞鹏、崔鹏程从人员行为、工作环境、操作设备构建了不安全因素识别层,采用深度学习对监控视频和设备音频数据中的不安全因素进行了识别,通过关联分析和回归多值分类模型分析了不安全因素交互作用,但遗漏了人员行为属性的部分因素。以上文献为本书提供了启示,例如对不安全行为的种类进一步划分,将影响程度最大的因素作为预警指标并构建预警平台,根据关联关系进行预警。

少数学者探讨了矿业领导安全行为、矿工不安全行为、矿工群体安全行为的形成机理。Zhang 等通过访谈和案例研究,运用探索性因子分析和验证性因子分析得出外部因素的构成,并探讨了外部因素对矿业领导安全行为的影响;Cao 等基于自组织和异质组织行为建立了煤矿工人群体安全行为模型,基于 GA-BP(遗传算法-反向传播神经网络算法)优化的 QSIM(定性模拟)滤波的定性模拟技术和群体安全行为软件平台,对煤矿工人群体安全行为进行了全面系统的定性模拟,比较和分析了不同方案下群体安全行为的演化。以上研究为本书提供了启示,例如从组织、个体和群体不同层面分析不安全行为影响因素。

一些学者分析了员工不安全行为和安全违规行为的致因作用。刘素霞等通过分析中小企业员工不安全行为发生原因,并借助演化经济学方法,构建了员工与企业双方就安全生产问题交往的博弈模型,模拟分析了交往过程中行为的发展趋势以及不同因素对行为演化的影响,研究发现中小企业员工安全遵守行为演化系统收敛于两种模式,其中"遵守,不检查"为理想模式;"违章,检查"为"不良锁定"模式;Mirza 等认为社会心理安全氛围通过减少员工的心理困扰对员工的安全行为有积极的影响,高水平的社会心理安全氛围环境通过消除员工将心理资源投入安全问题的需求来减少心理困扰,研究发现心理安全氛围与心理困扰呈负相关,心理困扰预测安全遵从和参与,并在心理安全氛围与安全遵从/参与之间起中介作用。

刘林等结合组态思想和个体-情境互动理论,采用模糊集定性比较分析探究了个体(雇佣形式和性别)和情境(同事安全违规频率、企业安全投入、企业员工规模和行业危险程度)因素构成的不同条件组态对员工低频安全违规行为的影响,研究发现任何单一因素均不构成员工低频安全违规行为的必要条件,员工低频安全违规行为存在 3 种不同驱动模式;李永娟等认为员工不安全行为是系统失效的触发因素,潜藏的社会情境因素(如安全氛围)是"常驻的病原体",探索并改善了影响员工安全行为的社会情境因素(安全氛围),在团队层面,探索改善主管关键安全管理行动对团队安全氛围提升的有效性;在组织和团队两个层面,探索改善经理的关键安全管理行动对同时提升组织和团队安全氛围的有效性。

部分学者探讨了不安全行为的人际传染效应。刘林等为预防群体安全违规行为的发生,应用社会学习理论和社会信息加工理论,采用倾向值匹配方法分析来自全国 25 个省、直辖市的 1294 个企业员工样本数据,检验安全违规行为是否存在人际传染效应,得出安全违规行为的人际传染效应具有普适性,广泛存在于不同危险程度、员工规模和产权性质的企业;Jia & Qi 为了研究不安全行为的传染特征,基于小世界网络,构建了具有同质化聚集、传染二级关系距离等行为规则的不安全行为传染模型,研究结果表明,不安全行为的传播具有滞后性、新兴性和先进性的传染特征,传染行为是否发生取决于网络的平均路径长度,网络结构中的强连接关系会引发不安全行为的传染;刘林等借鉴社会学习理论和一般威慑理论,构建了基于理性认知和情绪体验双重传播路径的安全违规行为人际传染机理模型,两阶段问卷调查的数据分析结果表明,同事安全违规行为不仅直接影响员工安全违规行为,还通过感知惩罚确定性与严厉性及感知羞愧确定性和严厉性间接影响员工安全违规行为。

1.3.3　数据驱动的员工行为管理相关研究

目前,学者探讨了大数据在人力资源中的应用和大数据分析能力。蔡治认为数据分析是人力资源管理发展的趋势,说明了数据分析前需要准备的工作,基于此进行了员工年度需求预测、培训师评估、薪酬公平性分析、员工综合能力评估、员工离职倾向分析和员工迟滞报告的情感分析,该研究思路起到一定的指导作用,但未具体研究某一行业;刘善仕等提出了人力资源大数据的概念、数据来源与研究思路,从内容、关系及用户行为三方面梳理了数据相关研究,分析了目前存在的问题,指出了宏观、微观层面的研究方向,但未进行实践研究;Gupta 等阐述了组合构建大数据分析能力的各种组织级资源,创造了一种用于衡量公司大数据分析能力的调查工具,验证了大数据分析能力与公司绩效之间的关系,实证结果表明大数据分析能力可以带来卓越的企业绩效,但未说明使用大数据分析的内容。

张敏和赵宜萱提出了人力资源管理者如何利用算法,以有价值的方式处理和解释数据,将其真正应用于人力资源管理的六大模块工作中,以降低管理成本,提供不断增长的优势和潜力,从道德和隐私、动态能力观、人机交互视角提出了机器学习在人力资源管理领域未来的研究方向;李燕萍等从技术与人力资源结合的历史视角分析数字化人力资源管理的产生,从技术、功能及综合视角梳理了数字化人力资源管理相关概念,并结合数字技术特征提炼了数字化人力资源管理的五大特征,将 I-P-O 范式引入数字化人力资源管理领域构建了研究框架,系统分析了数字化人力资源管理过程及其影响因素和结果产出。

众多学者分析了人力资源管理大数据所面临的挑战。姚凯和桂弘诣梳理了人力资源分析、大数据对其影响的相关研究,探讨了人力资源分析系统的变革、人力资源工作流程和工作方式的变革、组织架构与组织文化的变革,提出了大数据技术应用于人力资源面临的挑战,探讨了未来研究方向;Suriyakala 等认为传统上人力资源是一个受实际变化影响的领域,但随着大数据、数据分析、人力资本管理、人才获取和绩效指标成为新趋势,这一职能必然会发生巨变,因此试图从理论上反思和概述人力资源管理在大数据中面临的挑战是片面的。

Abdulmelike 使用"Google scholar"搜索关于"大数据""人力资源分析"和"人力资源管理"的研究论文,找出了 28 篇相关文章,文章表明大数据在招聘、培训、薪酬与绩效匹配、职业生涯管理等方面都非常有用,但存在决定生成和收集哪些数据、缺乏技能等问题。Calvard 等从人力资源风险管理的角度出发,结合常规事故理论(NAT),探讨了雇主面临的大数据的复杂性,揭示了这些复杂性的演化特征,为能够让雇主更好地预见和应对新出现的大数据挑战,提出了重点关注教育、数据收集设计和风险管理的建议。周卓华指出在大数据和人工智能时代,企业人力资源管理面临的影响主要表现为:企业缺乏复合型的管理人才、数据获取能力以及数据安全保护机制缺乏制约人工智能型人力资源管理转型、科层式的组织机构不利于大数据和人工智能时代的人力资源管理以及未来机器代人导致的员工再就业问题等。以上研究为本书提供了启示:采用历史数据预测不安全行为,探讨大数据在空管安全行为风险管理中面临的挑战。

已有学者探索了在线评论在新生代员工管理中的应用。李燕萍和徐嘉收集网站和微博上与新生代员工管理相关的评论,采用扎根理论对获得的资料分析,提炼了新生代员工组织社会化影响因素,构建了"需求—认知—行为"理论模型,采用社会学习理论和期望理论探讨了社会化过程形成的深层机制,虽然对非结构化数据进行了提炼,但信度和效度有待检验;侯烜方和邵小云利用扎根理论从看似杂乱无章、众多的资料中建立理论的优势,分析了新生代员工在网站上自主发布的与直观情绪相关的评论,构建了新生代员工情绪智力结构及其对工作行为的影响机理模型,此方法能够得出新生代员工在职场中客观真实的情绪智力特征及其行为表现,但未进行定量实证研究。

唐春勇等采集了网友就业信息网站的评论,运用 R 软件进行词频分析,挖掘了员工最关注的 24 个因素,在此基础上编制问卷并收集数据,采用探索性因子分析得到职业发展、组织氛围、工作强度、可雇佣性 4 个主要维度,此方法有助于及时了解员工需求即激励因素,但未分析某一行业员工的需求。黄顺春和凌金云通过半结构化访谈 137 名管理者和员工,搜集来自看准网、脉脉和 BOSS 直聘的员工在线评论,查阅相关研究文献及书籍,运用程序化扎根理论方法,构建了企业非货币性薪酬激励模型,提出了非货币性薪酬激励策略。以上研究为本书提供了启示:收集管制员发布的在线评论,并从中挖掘出新环境下管制员不安全行为风险因素。

部分学者已将大数据应用于员工离职预测、主题挖掘等。徐昆和赵东亮建立了随机森林模型,确定了指标体系,通过对餐饮连锁店新入职员工发放问卷收集指标的历史数据,3 个月时间里对这一批员工进行在职情况跟踪,将数据样本分为将训练样本和需要预测数据,得出了离职预测结果;Shah 等通过结构方程模型识别薪资、工作晋升、组织忠诚度和组织身份对员工工作满意度的影响,制定了包含大数据原则、实现方法和管理承诺要求的架构,能够对员工的态度和行为进行更有效的评价;Sisodia 等从 Kaggle 网站获得的 HR 分析数据集以预测员工流失率,生成了显示属性之间关系的相关矩阵和热图,用直方图显示员工与薪水、部门、满意度等之间的对比,使用了 5 种不同的机器学习算法,提出了优化任何组织员工流失的对策;Srivastava 等构建了人才流失分析模型,利用预测算法和数据可视化工具的功能来发现员工流失的根本原因,并根据历史员工数据识别了具有离职风险的员工,以便准确地确定谁离开,提前解决代价高昂的离职问题,找出员工离职的原因。

李琰等基于 Python 算法、LDA 主题模型和 NetDraw 工具,选取 2017—2021 年陕西省某大型煤矿集团的 44 069 条不安全行为数据进行分词处理、主题提取,绘制矿工不安全行为语义网络图并对矿工不安全行为语义网络的中心性进行分析,研究得出 5 个矿工不安全行为高频主题和 3 个矿工不安全行为高发地点。以上研究为本书提供的启示:根据历史数据,采用随机森林模型对不安全行为进行预测。

1.4 研究内容与研究方法

1.4.1 研究内容

根据研究背景和国内外研究现状,将管制员不安全行为风险预警和控制研究作为本书的研究主题。通过整理大量的相关文献,提出目前研究的不足,据此综合采用风险预警理论、事故致因理论、安全科学理论、行为科学理论、系统论和控制论等多种理论和方法,最终构成本书的研究内容。全书共分为九章,每章具体内容安排如下。

第一章为绪论。首先阐释本书的研究背景、研究目的及研究意义,然后梳理民航领域和其他领域不安全行为风险预警管理的研究及数据驱动的员工行为管理研究,简单阐述研究内容、研究方法及技术路线。

第二章为概念界定及理论基础。介绍民航管制员的概念及工作特征,梳理并归纳管制员不安全行为的概念及类型,总结管制员不安全行为的特点,界定管制员不安全行为风险预警的内涵。接着梳理 HFACS 模型等不安全行为致因理论,回顾风险管理的构成和预警管理的发展,基于此提出预警管理的定义,厘清预警管理的内容,梳理演化博弈的发展和内容。

第三章为民航管制员不安全行为风险因素识别。选用案例资料和在线评论作为素材,采用扎根理论和 HFACS 模型全面识别管制员不安全行为风险因素。首先收集访谈资料和权威机构发布的案例资料,采用扎根理论进行编码。从社交媒体网站中爬取与空中交通管制有关的在线评论,将在线评论分为积极、中性、消极三类,对消极评论进行词频统计和编码,从中挖掘风险因素。综合案例资料和在线评论的风险因素识别结果,构建较为完善的管制员不安全行为风险因素概念模型。

第四章为民航管制员不安全行为风险监测预警。根据管制员不安全行为风险因素识别,从目标层、准则层、要素层、指标层,初步设计监测预警指标体系。通过专家权威度系数从诸多风险要素中选取最具典型性的客观风险要素作为管制员不安全行为风险监测预警指标。结合空管单位现有的安全绩效指标等资料和专家意见,明确指标的含义与计算公式。通过现场调研、专家咨询法,确定预警指标的 4 个阈值和警级。基于此,采用控制图对不安全行为风险进行监测,当监测指标超限时进行实时预警。

第五章为民航管制员不安全行为风险预测预警。首先对比分析各方法的优缺点和适用范围,选择科学的预测预警方法。根据关联规则挖掘的流程进行管制员不安全行为风险关联规则挖掘,分析后项为不同不安全行为的不同维度关联规则。在关联规则挖掘的基础上,运用随机森林算法,构建随机森林预测预警模型,采用预测数据样本,分别预测管制员失误和违章,将预测结果与实际数据进行对比,检验预测结果的有效性,当不安全行为超过阈值时便发出预警信息。

第六章为民航管制员违章行为安全监管演化博弈。基于相关文献和访谈,对模型进行描述,并提出基本假设。运用演化博弈理论,构建空管安全管理者与管制员的演化博弈模型,将系统的演化分为四种情形,通过分析系统的雅克比矩阵判断系统的稳定点是否为演化稳定策略。在此基础上建立演化博弈的系统动力学模型,仿真模拟不同情形下博弈双方策略选择的动态演化过程,并分析混合策略均衡下模型参数变化对系统演化趋势和结果的影响。

第七章为民航管制员不安全行为风险控制策略仿真。首先综合预警分析结果,制定管制员不安全行为风险控制策略。其次在以往研究的基础上,采用系统动力学,根据环境因素、组织管理、安全监管、管制员不良状态与管制员不安全行为风险之间的相互关系构建管制员不安全行为风险控制策略仿真模型。分别从组织管理和安全监管两个方面仿真分析管制员失误风险水平和违章风险水平。

第八章为民航管制员不安全行为风险控制体系。首先,确定管制员不安全行为风险控制的目的和原则。其次,基于 PDCA 循环将管制员不安全行为风险管控体系划分为计划、执行、检查、处理 4 个阶段,分别确定 4 个阶段的内容,构建管制员不安全行为风险动态控制体系。最后,在此基础上借鉴当前一般的风险控制实施框架,提出基于预警分析的管制员不安全行为风险控制实施框架。

第九章为结论与研究展望。全面归纳总结本书的研究结论,阐述主要创新点,对管制员不安全行为风险的后续研究进行展望。

1.4.2　研究方法

本书综合采用文献研究法、扎根理论与爬虫、专家权威度系数法、关联规则挖掘与随机森林法、演化博弈论和模拟仿真法等研究方法,开展民航管制员不安全行为风险预警及控制研究。

（1）文献研究法

本书在研究的过程中通过实地调研确定现实中的问题,采用文献研究法分析国内外相关研究现状,据此对研究内容和研究方法进行归纳总结。通过文献研究法明确相关概念并梳理相关理论。

（2）扎根理论与爬虫

采用扎根理论对通过调研、访谈得到的资料案例等内容进行整理分析,初步识别管制员不安全行为风险因素。运用爬虫软件获取在线评论数据,为进一步识别管制员不安全行为风险因素提供数据支撑。

（3）专家权威度系数法

采用专家权威度系数法构建预警指标筛选模型,向专家发放问卷,筛选管制员不安全行为监测预警指标,作为进一步确定指标含义、计算公式、阈值和警级的基础。

（4）关联规则挖掘与随机森林法

通过关联规则挖掘分析风险因素之间的关联关系,挖掘后项为不同不安全行为的一维、二维、三维和四维关联规则;将强关联指标作为输入,采用随机森林法,构建管制员不安全行为风险预测预警模型。

（5）演化博弈论

运用演化博弈理论,根据提出的基本假设,构建安全管理者与管制员演化博弈模型,将系统的演化分为4种情形,分析博弈系统均衡点的局部稳定性,为仿真分析系统的动态演化过程奠定基础。

（6）模拟仿真法

基于系统动力学,仿真模拟不同情形下博弈双方策略选择的动态演化过程;结合研究制定的风险控制策略和得到的风险因素之间的关系,构建管制员不安全行为风险控制策略仿真模型,通过模拟仿真相关参数变化,找出主要控制策略。

根据研究内容和研究方法,本书的技术路线如图1-1所示。

图 1-1　技术路线

第 2 章

概念界定及理论基础

2.1 民航管制员的界定及工作特征

2.1.1 民航管制员的界定

民航管制员亦称民航空中交通管制员,具有有效的执照,符合空中交通管制要求的知识、技能、经验和资格。工作职责为通过无线电通信设备监视飞机的位置、高度、航迹,向飞行员发布指令,向有关单位通报飞行预报和动态,保障航空器安全有序地运行。工作目标为维持飞行间隔,防止航空器之间或航空器与其他障碍物相撞。

在本书中,民航管制员(以下简称管制员)是指在民航机构中负责空中交通管制的一线人员。按照管辖范围的不同,管制员可分为塔台管制员、区调管制员和进近管制员,其行为直接影响空中交通安全。

管制员所在机构包括民用航空机场、民航地区空管局或民航空管分局(站)。其中,民用航空机场涵盖民用运输机场、通用航空机场,运营机构一般为机场集团公司,其性质属于企业。民用运输机场供公共航空运输活动使用,如民用航空器运输旅客或货物,其起飞、降落、滑行等活动均在民用运输机场指定的区域进行,通用航空运输也可使用民用运输机场开展活动。专用于民航通用航空起降的机场即为通用航空机场,个人飞行、旅客运输、货物运输及空中旅游等飞行活动均为其承担的任务内容。民航地区空管局和民航空管分局(站)均是事业单位,但前者属于民航局空管局,后者属于民航地区空管局。两者均采用企业化管理,即按企业模式组织与运作,实行自主经营、独立核算和合理盈利。在枢纽城市,管制员的工作单位为民航地区空管局或民航空管分局(站),属于事业单位,但采取企业化管理模式,管制员为事业单位人员。在中小机场,管制员的工作单位一般为民用运输机场或通用航空机场,管制员为企业员工。

2.1.2 民航管制员的工作特点

管制员的职责是保障航空运输安全有序地运行,其工作质量的高低直接影响着管制运行效率和安全。因此,了解并掌握其工作特点,有助于分析不安全行为产生的原因,对不安全行为风险预警管理具有重要作用。

(1)工作负荷不断加大

民航局发布的《2019年民航行业发展统计公报》显示,近年来我国民航运输机场完成起降架次逐年增长,2015—2019年平均每年增长约为8.02%,2019年完成起降数量已达到1166.05万架次。因此,随着民航航班量的增加,管制员需要调配的航空器数量上升,其工作负荷也在不断加大。

(2)对语言要求高

管制员需要具备良好的语言表达和沟通能力。沟通包括发送和接收信息,无论是口头的(面对面的或通过固定电话/无线电)、书面的还是使用手势。从事空中交通管制工作,要求用语规范,以便能够无障碍地与飞行员或其他管制员等进行沟通交流,确保信息正确无误传递。尤其是在监听和复诵环节,监听飞行员的复诵,一旦发现错误就立即纠正,防止出现高度和航迹偏差,均是管制员必须要在沟通过程中认真仔细做到的。

(3)以班组形式工作

在我国民航的快速发展下,空中交通管制不再是一个管制员的工作任务,而是必须以班组集体工作的形式来完成。管制班组一般是由2个及以上的协同工作关系高度密切的管制员所组成的工作团队。在空中交通管理中采用班组管理,即通过一线管制员之间的多次沟通,构建多层次的安全防护结构,从而有助于更好地保障飞机安全运行。管制员向飞行员发出指令并监听复诵,正是管制班组集体决策的过程。

(4)工作情景不断变化

空中情况在不断地发生改变,工作情景也在变化,未来对空域的要求和配置十分复杂。管制员如果不能及时切换情景、转换思路,最终可能导致严重后果。因此,根据已有知识经验绘制航空器实时的、动态的心理图像,并不断更新和确认,预测其不久后的位置状态,便于管制员在给定时间内明确航空器的位置及自身工作行为,保障飞行的安全。

以上工作特点决定了空中交通管制安全风险大、风险复杂、风险间关联强,若忽视了管制员的工作负荷、不规范沟通用语、不加强相互之间的监督和工作情景等,则很容易出现不安全行为,很可能导致不安全事件。

2.2　民航管制员不安全行为风险预警的相关内涵

2.2.1　民航管制员不安全行为的概念及类型

1990 年,Reason 最早提出不安全行为(Unsafe Acts)的概念,后来的学者在此基础上从不同角度对不安全行为进行了不同的界定。Reason 将不安全行为分为无意的行为(失误)和有意的行为(违章),认为它是在潜在危险情况下犯的一个错误或违规行为。Shappell 和 Wiegmann 在此基础上将不安全行为分类,指出无意行为是由于执行或记忆的失败而无意中偏离了计划的意图,表现为失误或差错;有意行为是指按照预期进行,但由于问题解决或计划失败而未能达到预期的结果。

针对管制员,一些学者对不安全行为进行了界定。例如,霍志勤和谢孜楠在研究中指出管制员不安全行为包括两种类型,即失误及违章,其中失误是指管制员在执行中无意偏离方案的行为;违章是指违反规章制度、程序、手册、标准等的行为。陈芳等将管制员不安全行为划分为差错与违规,其中差错是无意识的背离行为;违规是管制员故意背离规章、程序、标准或惯例的有意识行为。管制员的职责是进行空中交通管制以保障航空器安全、准时到达目的地。王永刚和叶仕强根据管制员的职责特征,得出安全行为的内涵:通过仪器、设备实施空中交通管制,控制航空器以合理的间隔、流量运行,预防人的行为引起事故发生。与安全行为相反,管制员不安全行为是指管制员在指挥航班的过程中产生了偏离既定规则或行为的结果与既定目标的行为。由此可见,不同学者从不同角度对管制员不安全行为进行了分类,但是核心类别基本相同,大多基于 Reason 的分类,如表 2-1 所示。

表 2-1　不安全行为定义及分类

研究者	不安全行为定义	分类及描述
Reason	在潜在危险情况下犯的一个错误或违规行为	无意的行为(失误)、有意的行为(违章)
Shappell 和 Wiegmann	——	无意行为是由于执行或记忆的失败而无意中偏离了计划的意图,表现为失误或差错;有意行为是指按照预期进行,但由于问题解决或计划失败而未能达到预期的结果

续表 2-1

研究者	不安全行为定义	分类及描述
霍志勤和谢孜楠	——	失误是指管制员在执行中无意偏离方案的行为；违章是指违反规章制度、程序、手册、标准等的行为
陈芳等	——	差错是管制员无意识的背离行为；违规是管制员故意背离规章、程序、标准或惯例的有意识行为

通过以上分析,结合本书研究,将管制员不安全行为定义为在指挥航班的过程中出现偏离既定规则或目标,从而可能引起不安全事件或事故的行为;管制员不安全行为包括失误和违章两大类。其中,失误也被称为人因差错或人因失误,指无意偏离了规则或共同目标的行为,产生了不良影响,比如管制员不了解规章制度或对规章制度理解有误,因而产生的失误。违章是指在完成任务的过程中主动偏离规则、程序或所受指令的要求的行为,但并不希望造成危害性后果。

2.2.2 民航管制员不安全行为的特点

(1)复杂性

人的行为产生是一个不断循环的过程,即需要引发动机,推动人采取某种行为去达到目标,目标反过来影响需要。人的需要是多方面的,不仅具有生理需要,而且有心理需要。有的需要是短暂的,有的需要是持续的。人的需要具有差异性,既有共同需要,也存在个体差异需要。因此,对于管制员,多方面和不稳定的需要、动机等导致不安全行为复杂多变。

(2)传染性

在空中交通管制过程中,管制员个体的前一个行为错误如果没有得到纠正,会导致下一个行为错误。同时,管制员个体的错误行为也会导致其他管制员出现错误。在很多情况下人的行为与信息类似,都可以通过社会接触进行扩散,会以社会网络为媒介进行传播扩散。例如主班管制员监视的飞机位置存在偏差,导致产生错误的指令,如果副班管制员对指令没有异议,则会发出指令错误。在这种情况下,机组接收到的指令是有误的,存在执行错误指令的可能性,最终可能造成不安全事件。

(3)客观性

不安全行为是客观存在的,难以完全消除。管制员须符合空中交通管制要求的知识、技能和经历、资格。随着时间的推移,管制员自身技能知识会老化,不安全行为出现的可能性会加大。另外,夜间环境安静、光线弱,工作强度不高,人在夜间更容易疲劳,这种情况会降低管制员判断意识和决策能力,同时会降低其注意力和记忆力,进而使其难以正确合理地发出指令。这些情况符合人的自然规律,是难以完全避免的。

（4）重复性

管制员不安全行为可能在相同条件或不同条件下重复出现,但它产生的后果严重程度存在差异。强化理论指出对其所获刺激的函数即为人的行为。根据强化理论,管制员重复出现不安全行为的原因是发生时没有得到制止和纠正,这意味着行为被认可,从而刺激不安全行为重复发生。例如,管制员走捷径而刻意违章,再加上安全监管薄弱,长时间后这种行为会反复发生,变成习惯性违章,甚至成为一种规范。

2.2.3　民航管制员不安全行为风险预警的定义

（1）风险的内涵

对于什么是风险,不同学者给出了不同的风险定义和描述,这为开展风险管理的理论研究奠定了良好的基础。风险一词可追溯到 17 世纪,起源于意大利古语 Risco, Risscare,Rischiare,随着社会的发展,风险逐步被应用到多种学科领域,如数学、医学、社会科学、经济学等。最早给出风险概念的学者是 Haynes,他指出：“在经济学中,风险这个词没有任何技术上的含义,但表示损害或损失的可能性。如果对一项行为的实施是否会引起有害结果存在任何不确定性,则该行为的实施即为风险承担。他认为即使不幸事件会发生,但仍存在风险,因为发生的时间是不确定的。”风险与概率有关,损失可能发生,也可能不发生,而风险产生的后果与预期有关。可见,由于出发点和所处角度不同,对风险的理解和解释各不相同,但均认为风险是事件后果和发生可能性的组合,即风险＝事件后果×事件发生可能性。

（2）风险的构成要素

风险因素、风险事件与损失是风险的 3 种组成部分,风险因素增加或产生风险事件,风险事件导致损失。理解风险内涵的关键在于理清这 3 个要素的概念及它们相互之间的联系。

1）风险因素。风险因素,也叫做风险源。导致或加大风险事件的机会,增大损失范围的原因和条件,风险事件产生的潜在原因,以及导致损失的内部或间接原因,均为风险因素。总的来说,风险因素包括无形风险因素和有形风险因素两种。其中,无形风险因素是不能被看见的,且对损失发生的概率和程度均有影响,例如价值观、认知、意识和态度;有形风险因素是指可见的、影响损失的概率和程度的外在因素,例如设备设施、天气和活动干扰。

2）风险事件。风险事件，为引起损失的直接或外部原因，在使风险因素造成损失的可能性转化为现实之间起媒介作用。也就是说，风险因素通过风险事件的发生使可能产生的损失转变为现实发生。

3）损失。社会价值或经济价值出现减少或消失即为损失。这种减少或消失并不是计划性的、预期的、故意的，否则就不能称为风险损失。直接损失和间接损失是损失的两种类型。两者具有不同特点，直接损失为风险事件直接破坏事物本身的事实，间接损失是指因直接损失间接导致破坏的事实。

根据以上3个概念，可将风险因素、风险事件与损失之间的关系进行归纳，如图2-1所示。它们之间的因果关系：风险因素导致或扩大风险事件的严重程度，损失由可能发生的风险事件引起，包含不确定性的损失就组成了风险。风险因素越多，风险事件发生的可能性越大，造成的损失越严重。

图2-1　风险因素、风险事件与损失之间的关系

（3）管制员不安全行为风险的概念

结合管制员不安全行为、风险的概念和风险的构成要素，将管制员不安全行为风险界定为：在一定环境下，由于某种因素的不确定性，管制员在指挥航班的过程中有出现偏离既定规则或目标的可能性，即出现不安全行为的可能性。如果管制员不安全行为直接导致不安全事件发生，或违反民航空管各级部门制定的标准、规章等，虽未造成空管业务差错和航空安全差错，但当其达到一定数量时会引发不安全事件，即认为管制员不安全行为给航空器运行秩序带来了风险。

（4）管制员不安全行为风险因素的概念

管制员不安全行为风险因素的概念需要结合不安全行为和风险因素的概念进行界定。基于此，将管制员不安全行为风险因素界定为可能造成或引发管制员在指挥航班的过程中出现偏离既定规则或目标的因素。风险因素是监测指标体系设计的基础，监测指标来源于风险因素，但高于风险因素。

（5）管制员不安全行为风险预警的内涵

风险预警是指从历史中总结规律和经验，以此对未来状况进行预测和报警，使组织提前采取应对措施以减少损失。随着经济环境的发展,企业经济风险逐渐加大,风险预警已经被应用到财务、自然灾害等领域。借鉴相关领域的研究,将管制员不安全行为风险预警界定为空管机构利用外部和内部相关信息识别管制员不安全行为风险因素,将风险因素转化为预警指标,通过科学合理的方法对不安全行为的未来发展趋势进行预测,找到关键的警情因素,根据阈值和警级发出警情信号,空管机构管理者提前采取应对措施来规避,甚至消除可能发生的不安全行为风险,以将损失降到最低程度。

2.3 不安全行为致因理论

不安全行为致因理论属于安全行为科学理论的范畴。安全行为科学是安全科学和行为科学的结合,借鉴了行为科学研究视角,研究人的安全行为影响因素,掌握安全行为产生的规律,从而鼓励安全行为并制止不安全行为,是一门应用性学科。人的行为具有隐蔽性,其产生过程是复杂的,难以直接通过思想、情感、能力等内生性因素进行测量。系统地分析不安全行为的影响因素和致因机理,探索其形成规律,能够为不安全行为风险预警管理奠定基础。管制员不安全行为导致的空中交通管制不安全事件仍属安全科学的范畴,具有客观性、无序性和因果性,因此,事故致因理论适用于管制员不安全行为风险预警管理的研究。与不安全行为相关的事故致因理论包括 HFACS 模型、SHEL 模型等。安全行为科学借鉴了行为科学研究视角,而行为科学以人的行为及其产生原因为研究对象,从人的需要、动机、目的等心理角度研究人的行为规律。经典的行为科学理论有 SOR 理论等。

2.3.1 HFACS 模型

HFACS 模型是在 Reason 模型的基础上提出来的,Reason 模型常被用于事故调查与分析,但它是从事故产生的角度阐述不安全行为的形成原因。1990 年 Manchester 大学教授 Reason 在 Heinrich 等学者相关理论的基础上提出了 Reason 模型。后来,ICAO 推荐该模型作为一种航空事故调查与分析的理论模型。该模型认为不仅由于事件本身的反应链,事故才会发生,还因为组织缺陷集被穿透,组织中的层次出现缺陷不一定会导致事故,但当所有层次的组织缺陷同时或次第出现时,多个层次的防御保护将消失,系统进而会发生事故。决策失误和管理不当虽是 Reason 模型的前两个层面,但本质上都是管理,只是存在层次差异,因此可以合并。按照事故调查的逆向追溯思维,Reason 模型包括不安全行为、不安全行为的前提、不安全监管和组织因素 4 个层次。该模型的最大特点是指出了事故是动态变化的及隐性差错的内涵,即单一的隐性差错或不安全行为不一定会导致事故的发生,但当各个层面上的隐性差错在同一组织层面同时或次第出现时,断链控制将失效,从而导致事故的发生。

后来,在 Reason 模型的基础上,Shappell 和 Wiegmann 建立 HFACS 模型,如图 2-2 所示。该模型认可了 Reason(1990)著名的瑞士奶酪模型的所有漏洞,包括 4 个层次:不安全行为、不安全行为的先决条件、不安全监管和组织影响。每一层都被分解成更低的子层。最低层次的定义是用来对已识别的因果关系和促进因素进行分类和归类。HFACS 模型最初设计用于军事航空事故的调查分析,该理论主要用于调查航空部门的事故/灾祸。在空中交通管制领域,已有学者将 HFACS 模型用于分类分析空中交通管制不安全事件原因、管制员人因失误因素、空中交通相撞事故。组织影响例如班组力量搭配不合理、管制协议移交程序不完善,不安全监管包括未及时制止席位聊天、不良操作习惯等,不安全行为的先决条件是指天气恶劣、机场内场环境复杂、工作压力大、注意力分配不当、疲劳等。当高层次出现问题时可能导致下一层次也出现问题,最终出现管制员不安全行为。

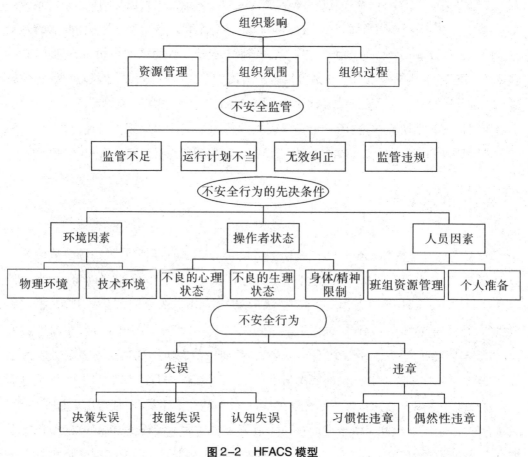

图 2-2　HFACS 模型

2.3.2　SHEL 模型

1972 年,Elwyn Edwands 教授提出了 SHEL 模型,用于调查事故中的人为因素,1987 年 Hawkins 进行了修改和完善,如图 2-3 所示。该模型包括软件(Software)、硬件 (Hardware)、环境(Environment)和人(Liveware)4 种元素,系统由这 4 种要素共同构成。相应地,软件(Software)主要指的是管理因素,包括安全监督不到位、风险评估体系不完善、规章制度不合理、机构设置不合理、风险识别不完善和安全培训不到位等。硬件 (Hardware)主要指设备数量不足、设备本身存在安全隐患、技术落后等。环境 (Environment)主要指工作台、灯光、噪音、温度等。人(Liveware)指的是工作场所中的人员,如果人员的知识经验不足、情景意识较弱、工作压力较大、特情处置能力不强,则容易造成较大的安全隐患。人是该模型的核心组成部分,与其他元素形成 4 种相互作用关系,分别为 L-S、L-H、L-E、L-L。有学者采用 SHEL 模型构建管制员人为差错风险评估指标体系,包含总体层、因素层和指标层,L-S、L-H、L-E、L-L 4 个部分正是因素层的内容。也有学者在 SHEL 模型中加入组织因素(Organization),将其扩展为 SHELLO,用于分析管制员与软件、其他人员、设备设施、环境和组织管理之间的安全风险因素。系统中的各个要素必须要围绕着人并与之匹配,才能充分实现系统的功能和目标。总之,在任一关系中管制员均需要与其他要素匹配,如果与任一要素不匹配,将可能会产生不安全行为,导致不安全事件、事故征候或事故。

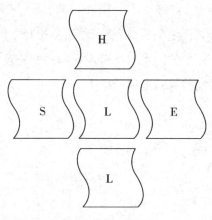

图 2-3　SHEL 模型

2.3.3　SOR 理论

学者 Mehrabian 和 Russell 于 1974 年提出 SOR 理论,即刺激—有机体—反应

(Stimulus-Organism-Response)理论,主要用于探究刺激对个体认知及行为的关系,如图2-4所示。该理论中的刺激(Stimulus)为一种外部影响,刺激作用于个体后,个体在认知和情感上的不同心理状态将会形成,通过一系列的内在过程之后不同的行为反应将会产生。有机体(Organism)表示个体不是对刺激的简单条件反射,而是通过认知或情感对信息进行加工。反应(Response)即为个体受到刺激和认知加工后产生的反应和行为。SOR 理论在消费者行为学领域应用广泛,如基于该理论分析网络直播购物特征刺激通过唤醒、愉悦的情绪反应和感知信任的认知反应对消费者购买行为的影响;将 SOR 理论应用在善因营销中,解释善因营销中的要素对消费者态度和行为的影响。该理论表示外部刺激引起个体心理状态变化,并通过一系列的有意识或无意识的心理反应过程影响个体行为的产生。例如,工资回报、雇佣关系和飞行流量等外部刺激使管制员产生倦怠、不满和不安全感等消极情感认知,导致管制员出现不安全行为。

图2-4 SOR 理论

以上不安全行为致因理论各有特点,为深入研究管制员不安全行为风险预警及控制提供了理论基础。Reason 模型和 HFACS 模型均将事件的发生过程分为 4 个层次,其中不安全行为层次为导致事故的直接原因。HFACS 模型是在 Reason 模型的基础上提出的,不仅包含不安全行为及其先决条件,亦能直观显示相互之间的层次关系。SHEL 模型将人作为核心组成部分,强调人的因素与其他因素的匹配程度。SOR 理论表明外部刺激是个体认知或情感的前提,间接导致个体的行为。

2.4 风险预警理论

2.4.1 风险管理

对于什么是风险管理(Risk Management),在保险领域和安全领域存在不同的定义。风险管理起源于经济学中的保险学,在保险领域中是保障经济效益的源泉。保险是风险管理的一种手段,针对风险识别、预测、估价和防损,已经积累了丰富的经验和科学资料。Williams 和 Heins 较早对风险管理进行解释,即它是一种管理方法,该方法可用于识别、度量和控制风险,采用最低的成本将风险引起的损失减少至最低程度;谢非指出风险管理是一门研究风险发生规律和控制技术的科学。在组织运行过程中可能要面临某种不确定性,这种不确定性可能会损害组织利益,经济单位使用多种识别、衡量和控制的方法,并在此基础上对风险进行有效地处理的过程,整个过程就叫做风险管理。

风险识别、风险衡量、风险评价、风险决策、风险决策方案的实施与绩效评价是风险管理的 5 个组成部分,它们形成了一个循环。其中,风险管理的首要环节为风险识别,是指感知和发现风险。风险因素、风险的性质以及后果、识别的方法及其效果为该环节所要解决的主要问题。风险衡量是在风险识别的基础上,运用概率统计方法,不仅估计和衡量风险存在和产生的可能性,还包括风险损失的范围和程度。风险评价用来对引发风险事件的风险因素进行综合评价,评价结果作为选择恰当的处理风险的方法的依据。风险管理的重要步骤为风险决策。风险管理者通过对比分析多种风险管理方案,从中选取最佳方案,这个过程即为风险决策。风险规避、损失控制、风险自留和风险转移为 4 种可供选择的风险管理方案。风险决策方案的实施与绩效评价是指风险管理单位实施风险决策方案,随后评价风险管理的绩效。

在安全领域,安全管理中最重要的构成部分是风险管理。2006 年,国际民航组织发布的安全管理手册中对风险管理有明确的界定,即通过识别、分析、消除危险及使组织生存受威胁的后续风险,或降低风险至一个可接受、可承受的范围内,这个过程即为风险管理。它有利于平衡所评价的风险及可行的风险缓解之间的关系,是安全管理的有机构成部分。在飞行运行、空中交通管制和机务维修等领域的决策过程中,该风险管理含义也具有适用性。风险识别、风险评价和风险缓解为风险管理的 3 大基本内容。其中,风险识别是指对设备设施、环境、人员或组织可能的危险进行识别;风险评价为通过某种形式的分析来评估识别出的危险可能的伤害或破坏;风险缓解策略包括避险、减少损失和风险分离。

2013 年,国际民航组织在安全管理手册中增加了安全风险管理的概念,即安全风险管理包括对安全风险的评估和减轻,是国家和产品服务供应商层面上的安全管理过程的一个关键组成部分,其目标是评估与已识别的危害有关的风险,并制定和实施有效的和适当的缓解措施。国际民航组织还指出安全风险在概念上被评估为可接受、可容忍或不可容忍。然而,风险与安全是相对的,系统风险不可能完全被消除。若将风险控制在系统可接受的范围之内,则系统是安全的,因此不需要采取行动将危险后果的概率或严重性置于组织控制之下。如果风险评估结果落在不可容忍的情况下,即危险后果的可能性或严重性很大,且危险的破坏潜力对安全构成严重威胁,则需要立即采取缓解行动。

针对什么是风险管理,不同领域的研究者从不同的角度进行了界定,但尚未给出统一的定义。通常来说,风险识别、风险分析、风险评价及风险控制为风险管理的4个关键构成部分,如图2-5所示。风险管理是一个环形管理链,风险识别是风险管理的首要环节,需要采用定性或定量的方法进行风险分析,采取概率评价法等科学的方法进行风险评价,针对风险评价结果实施有效的风险管控措施,之后仍需要进行风险识别,识别新的风险因素,形成一个动态的、循环的过程。总的来说,风险管理包括风险识别等4个阶段,其功能要在这4个阶段中实现。

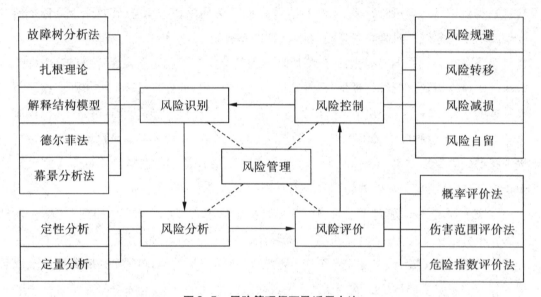

图 2-5　风险管理闭环及适用方法

风险管理不仅与预警管理不同,也与应急管理不同。以监测的警兆信号为基础,预测和报警未来即将发生的风险,是预警管理的主要内容。对突发事件发生后的响应、协调、处置和灾后重建等则为应急管理的重点内容。从某种程度上来说,预警管理和应急管理包含风险管理,它们之间具有逻辑上的相互关系。

2.4.2　预警管理

预警(Early Warning)指的是在其发生之前预测,是对危机进行的事先警告,最早出现在军事领域,后来逐渐应用到经济、技术、管理等领域。在军事领域应用预警是为了防御敌人的袭击,当预警指标接近或超出阈值时,表明即将发生袭击,将会发生预警信号,为预警主体提供对策性的决定。20 世纪初,预警开始应用到经济领域,20 世纪 80 年代后全面进入经济、技术、医学、管理等社会科学和自然科学领域,在宏观经济调控、企业经营管理和自然灾害管理等方面发展较快。在民航领域,空管研发了预警系统,如最低安全高度警告(Minimum Safe Altitude Warning,MSAW)和短期冲突告警(Short Term Conflict Alert,STCA)系统,均有助于空管运行安全水平的提升。

预警管理是在危机管理和风险管理的基础上发展而来的,20 世纪 60 年代美国学者 Daniel 最早界定了预警管理的内涵。危机管理是指组织通过制定计划或采取控制措施等方式,提供一个安全的生存发展环境,以预防并处理突发事件对组织造成的伤害。危机管理属于危机发生后的管理,即事后管理,危机有突发性、严重性,会使组织遭受巨大的损失。由于危机管理的事后管理的弱点,人们开始不断思考和改进,将事后管理向事前延伸,更加关注组织系统的运行过程,分析运行过程中的不利影响,即实施风险管理。风险管理重点在于分析过程中后果产生的概率,但忽视了不确定的多样性以及后果中的机会。危机管理具有事后性,风险管理是事中控制,它们对安全风险的控制并不是全过程的和全方位的,由于存在的局限性而发展出预警管理,即将系统不确定性环境及事件产生源头作为出发点,针对传导路径及影响范围,科学有效地开展管理,以预警为基础,从系统的角度实施风险和危机管理。针对风险的预警管理不仅考虑危机管理、风险管理,还关注不确定的多样性以及机会。总的来说,预警管理是全方位、全过程的,兼顾损失与机会。

预警管理最大的优点在于防患于未然,是一种在事故发生前而有效实施控制的管理手段,从而将可能引起事故的因素控制在可接受范围之内,及时纠正错误,避免或减少事故的发生。目前预警管理理论已被应用到很多领域,例如财务风险预警、自然灾害预警、舆情危机预警和公共安全预警等,对民航安全行为预警管理研究具有一定的借鉴作用。预警管理的思想在对安全性要求极高的民航领域也同样存在并更加适用,它能够对组织中当前可能存在安全问题提出警示,为管理者提供决策支持和帮助,有助于迅速有效地处理和解决危机。例如,人为因素和事前的"安全管理"是航空公司的关注重点,驾驶舱资源管理就是通过开展安全分析和评估,明确航空运输系统中存在的问题,据此有针对性地采取安全管理措施;我国民航空管系统已经建立起安全管理体系(SMS),其中"人为差错"正是一大重要内容。

总的来说,预警管理为发现潜在威胁和潜在损失的一种管理方式,位于风险管理和危机管理的最前端。预警管理通常通过收集相关信息,识别出主要的风险因素,分析其相互作用关系及关系结构,建立离散的或连续的模型,模型很多时候是非线性的,然后采用相关工具判断潜在威胁、潜在损失和不确定性的机会等,发出预警信号,制定措施并跟踪实施。通常来说,针对风险的预警管理主要分为预警分析和风险控制两个阶段,是一个动态的、循环的过程,如图2-6所示。因此,需要采用系统工程的观点和方法探讨与分析预警管理系统的组成和结构等问题,还需要运用控制论的观点来研究预警管理系统中各组成部分的控制问题。

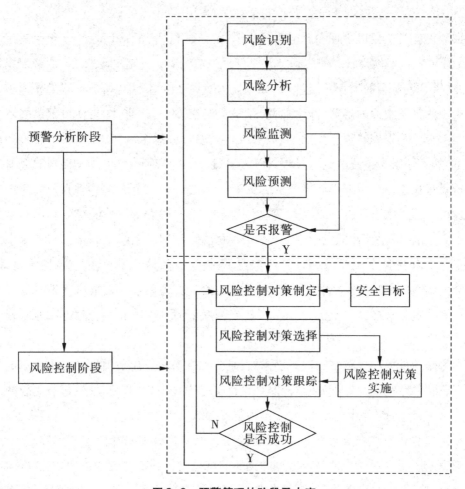

图2-6 预警管理的阶段及内容

预警管理的第一个阶段为预警分析。这一阶段的重要任务是根据预警对象的活动状态,在出现警情、警兆时,及时准确发出预警信号,为后面要进行的风险控制活动给予行动上的指导。预警类型通常包括监测预警、评估预警和预测预警。事故发生的过程不仅是渐进的,而且还不容易引起人们的注意,最有效的方法是及时发现并消除影响安全的潜在因素。

预警分析首先需要解决的问题是收集并整合组织内外信息,从中分类识别定性和定量的风险因素,即通过历史数据分析、文献查阅、理论分析等,明确哪些因素触发了风险,会产生哪些明显的表象特征,从而提供了预警指标的选择范围和诊断方向。在此基础上建立预警指标体系,明确指标的阈值与警级。在日常工作中随时监控危险状态是否发生,将监测指标值和预警临界值对比,一旦超出预警值立即发出对应预警信号,基于风险等级进行响应。通过历史数据预测风险发生的概率,即在各项因素或先发生事件的发展规律的基础上,对后面即将发生事件的发展趋势或概率进行预测,从而有效地避免或消除可能产生的危机。

预警管理的第二阶段为风险控制,其目的是对已知的不可接受的风险进行全面的控制,以降低甚至消除该风险引发不安全事件或事故的可能性。该阶段是在预警分析的基础上解决问题的过程,是根据设定的安全目标,当预警对象的风险状态值偏离既定安全目标时,根据预先制定的风险控制对策,结合实际环境状况和条件,评价、选择对策的过程。监测和预测结果为风险控制对策制定和选择的重要依据。因此,首先应对预警分析结果进行判断,在此基础上制定科学、合理的解决对策。针对可能发生的事件或已经发生的事件,根据预警信号迅速有效地选择风险规避或风险降低对策并实施。通过跟踪风险控制对策的实施过程,判断风险控制是否成功,如果风险控制失败,则为危机状态,相应的应急预案被启动,同时修订风险控制对策。当风险控制成功时,警患消除,评估并反馈风险控制效果,至此一次预警控制流程结束,接着继续进行风险识别,及时加入识别的新风险并剔除已解决的风险,进而形成一个循环的过程。

总的来说,预警管理是在危机管理和风险管理的基础上发展而来的,属于风险管理的范畴。预警管理是风险管理的一个环节,强调根据风险程度在风险识别等环节预先警示监测到的风险信号,同时提前做出准备。报警信息和相应的对策建议信息为预警的最后输出。例如,当预警指标超限时发出预警信号及控制措施。目前针对风险评估的研究较为成熟且应用广泛,而对于预警管理的研究相对薄弱。此外,预警管理强调运用数据信息进行预警,通过监测得到数据信息,采用积累的数据分析规律并预测未来发展趋势。因此,本书不作评估预警,而是进行监测预警和预测预警。

2.5　演化博弈理论

2.5.1　演化博弈的发展

1928 年,美国的冯·诺依曼在博弈的研究中对演化博弈基本原理进行求证,由此出现了博弈论(Game Theory)。博弈论是运筹学研究领域的一个具体的分支。博弈论由3个要素构成,分别为:局中人(指博弈中每个可以独立进行决策的参与者)、策略(指博弈中由每个局中人自行选择的一个行动方案,每个局中人各自可选择的所有行动方案的集合,就构成该局中人的策略集)、得失(指一次博弈中每个局中人会根据自己此次的策略获得收益或遭受损失,也称之为支付函数)。

最初的博弈论研究被学者们称为传统博弈论,其理论假设的主体均设为完全理性。但在现实情况中,因各种因素的综合影响,各研究主体并不能均以完全理性假设为基础,即一场博弈中的每个局中人不可能具备完全理性,同时也不可能掌握所有知识和信息,故其理论假设中存在缺陷。随着博弈论研究专家的深入分析及达尔文进化思想假设的影响,越来越多的学者们提出"有限理性人"的研究假设,为传统演化博弈论解决相关实际问题提出了突破性的新思路。

演化博弈理论(Evolutionary Game Theory)的发展经过了相对漫长且缓慢的时期。20世纪40年代,赫伯特·亚历山大·西蒙提出用有限理性去代替完全理性,将完全理性和非完全理性之间的受一定限制下的理性定义为有限理性,为演化博弈理论的发展提供理论支撑。在20世纪50年代,传统的博弈理论等为其提供且奠定了极大的相关研究基础。进入20世纪60年代以后,著名的生态学家翁亭首次运用演化博弈理论的思想来研究生态问题,并根据现实中生物不断进行演化的规律,创造性地将生物进化中的突变理论引入传统博弈论中的纳什均衡中,并通过结合后续发现及提出的复制动态方程,以此制定其理论中的均衡策略。20世纪80年代以后,随着新古典经济学及博弈论固有的缺陷逐渐被人们所认识,有限理性概念得到了学术界的普遍认可,演化博弈理论的学术地位得到确认。

约翰·梅纳德·史密斯撰写的《演化与博弈论》为第一本详细介绍演化博弈理论的书,是演化博弈论研究领域的经典著作。1982年,因此书的出版,约翰·梅纳德·史密斯被称为"演化博弈论之父"。他把博弈论的思想纳入生物演化的分析中,揭示了动物群体行为变化的动力学机制,为演化博弈理论的推广及运用做出了巨大的贡献。直到进入20世纪80年代,学者史密斯规范了此理论研究的框架,此时其理论运用的相关领域也在不断扩大。

2.5.2　演化博弈的内容

演化博弈理论和传统博弈理论最大的区别就是前者对主题的理论假设发生了变化,并认为参与博弈的主体或个人都不再是完全理性的,而是有限理性的,即认为局中人是在不断地观察、学习中去发现收益更高的策略,从而调整自身策略以做出最优决策。同时,演化博弈理论也不再认为局中人是具备共同知识的,局中人根据过往策略及收益情况来进行相互判断和认知并以此作为下一次博弈做出策略选择的依据,是不断动态变化的。

演化博弈这种理论的解决问题的相关思想来源于进化论和经济学中传统的博弈这两种不同研究思想的结合,并认为生物界内存在的所有的物质或个体之间都是在其所属群体或不同类型的群体中不断博弈,并以此结合或演化成新的物质或个体。演化博弈论认为人类通常是通过试错的方法达到博弈均衡的,与生物进化原理具有共性,所选择的均衡是达到均衡的均衡过程的函数,因而历史、制度因素以及均衡过程的某些细节均会对博弈的多重均衡的选择产生影响。在现实意义上,演化博弈理论能够用于生物学、经济学、金融学和证券学等学科领域,解决领域内的不同主体动态互动问题。

(1)博弈参与主体的策略组合

参与博弈的主体一般包含两个及两个以上,各自都有不同的策略集,不同参与主体之间的策略组合具有随机性,针对不同的随机策略组合,其参与主体会得到相应的损失和收益。各参与主体在系统内部博弈的过程中,会相应地依据周围其他群体策略的变动进行相应策略的调整,并以此对自身的选择策略进行不断修正,最终系统内各参与主体的策略选择都达到相对稳定状态。

(2)有限理性

有限理性是演化博弈理论的基本假设,即假设参与博弈的主体都是有限理性的。在博弈的初始阶段,各参与主体会因自身的状态等其他有限理性的原因,分别采取最有利的策略组合。在后续的演化博弈过程中,在有限理性下不断地对自身的策略选择进行相应的调整,其对调整的策略组合的选择概率也不尽相同,直至整个系统内各参与主体最终完全达到相对平衡的状态。

(3)复制动态方程

复制动态(Replication Dynamics)方程是描述一个群体中采用某种特定策略的频率或频度的动态微分方程,刻画各方参与主体的策略选择的概率在不断变化过程中的变化规律。该理论最早是在 1978 年由泰勒和乔克共同提出的,也因此推动演化博弈理论的又一次突破性发展。该方程揭示了参与主体在有限理性状态下,其策略的变化规律。

(4)演化均衡稳定

经过不断地演化博弈后,系统内各参与主体最终会达到演化稳定的状态。但这种稳定状态是动态可变的,各方参与主体仍会在后续的演化博弈过程中不断地进行相关策略的调整。随着时间的持续,系统内所有参与主体的策略组合的收益最终会达到相对满意的状态,整个系统会达到相对平衡。通过分析系统的雅克比矩阵,可以判断系统的稳定点是否为演化稳定策略(Evolutionary Stable Strategy,ESS)。

演化博弈方法用于分析博弈者的有限理性和博弈的动态过程。在民航领域,已被应用于政府监管部门与航空公司、航空公司与航空公司之间多方演化博弈研究,探求民航安全监管制度的内在机理和监管模式;构建旅客、机场公安和安检员三方演化博弈模型,分析三者在不同情境下作出的抉择过程;对各航空公司之间的博弈过程进行分析,研究民航旅客群体性事件处置策略。在管制员违章行为监管过程中,安全管理者和管制员是有限理性的,通过不断学习而调整己方的策略,并重复进行,最终达到稳定策略,因此双方形成了动态的演化博弈。这符合演化博弈理论中博弈双方相互观察相互学习的演变过程,因此可以用演化博弈理论来描述管制员违章行为安全监管的过程。

综上所述,为了满足对管制员不安全行为风险预警与控制的需求,本书结合管制员工作特征、不安全行为的特点和不安全行为致因理论,采用预警管理理论、演化博弈理论,尝试从复杂系统视角提出适用于管制员不安全行为风险预警与控制的模型,从监测和预测两个方面进行预警,分析安全监管各方博弈的演化路径和情景条件,在此基础上进行风险控制。

本章介绍了民航管制员的概念及工作特征,梳理并归纳了管制员不安全行为的概念及类型,总结了管制员不安全行为的特点,界定了管制员不安全行为风险的内涵,在此基础上进一步界定了管制员不安全行为风险预警的内涵。阐述了不安全行为致因理论,回顾了风险管理的构成和预警管理的发展,基于此界定了预警管理的定义,厘清了预警管理的内容。

本章通过梳理得出管制员独特的工作职责、工作特征,及具有复杂性、动态性、客观性、重复性的不安全行为特点。管制员不安全行为风险的概念界定是重点,根据管制员不安全行为和风险的概念,管制员不安全行为风险的概念是指在一定环境下由于某种因素的不确定性,管制员在指挥航班的过程中出现偏离既定规则或目标的可能性。这为开展研究界定了清晰的研究范围,同时为下一章从整体上识别管制员不安全行为风险因素奠定了基础。此外,从安全科学和行为科学视角梳理了 HFACS 模型、SHEL 模型和 SOR理论,同时从风险的角度整理了风险管理和预警管理理论,以及演化博弈理论的发展历程和基本内容。以上对概念的界定和理论的梳理为后文开展风险因素识别、监测预警、预测预警、安全监管演化博弈和风险控制奠定了理论基础。

第3章
民航管制员不安全行为风险因素识别

风险因素识别为预警管理首要解决的问题,即通过历史数据分析、文献查阅、理论分析等,明确哪些因素触发了风险,从而为预警指标选择提供范围。管制员不安全行为风险因素是指可能造成或引发管制员在指挥航班的过程中出现偏离既定规则或目标的因素。因此,本章将在第2章的基础上,结合扎根理论和 HFACS 模型分别从案例资料、在线评论中识别管制员不安全行为风险因素;比较案例资料和在线评论的结论,综合风险因素识别结果,构建风险因素的概念模型;分析风险因素的影响机理,为后面的系统建模和预警提供基础。

3.1 风险因素识别方法与资料的选择

3.1.1 风险因素识别方法的选择

风险因素识别是风险预警管理的重要基础工作,也是风险预警管理的起点,其任务是通过采用一定的方法和手段,最大限度地找出所有显著影响特定事物的潜在风险因素及其关联作用特点。目前风险因素识别方法已比较成熟,风险因素初步识别方法通常是通过参考文献、专家经验、历史、现有资料获取风险信息,包括解释结构模型、德尔菲法、头脑风暴法、扎根理论、事故树分析。分析比较上述风险因素识别方法,得出各方法的优、缺点和适用范围,如表3-1所示。

每种风险因素识别方法的特点不同,都有各自的适用范围。风险因素初步识别方法通常为定性方法,采用的资料为文献、专家经验、历史和现有资料等。目前对空管原因导致的不安全事件案例的统计分析已经开展,国内外权威机构均发布了不安全事件信息通告。扎根理论和事故树方法均可以用来分析案例,但采用事故树法分析后无法将影响因素整合为整体风险因素,故本书不采用事故树法。

表3-1　风险因素识别方法的优点、缺点和适用范围

代表性方法	优点	缺点	适用范围
解释结构模型	研究的基础是已有文献,能显示风险因素内部的层级结构	构造邻接矩阵依赖专家经验	文献和资料丰富,矢量众多、关系复杂但结构不清晰的复杂系统
德尔菲法、头脑风暴法	全面、快速识别未被发现的风险	依赖专家经验	没有历史资料可供参考,具有创新性的主题
扎根理论、事故树分析	所用资料来源于原始记录、资料,有据可依	历史资料未必符合当前的情形,难以辨识特殊风险	具有丰富的一手资料,与历史资料相差不大的情形

扎根理论是由下而上的扎根于经验和各种原始资料的方法,强调从行动者的角度理解社会互动、社会过程和社会变化,注重对有问题的情境进行处理,在问题解决中产生方法,在定性分析中具有独特的优势,使得概念和范畴自然涌现,客观性更强。扎根理论的过程如图3-1所示。扎根理论是一种成熟的过程探索性质化研究方法,具有基于资料数据构建模型的优点,常常被用来构建影响因素及其性质的理论,因此更适合管制员不安全行为风险因素识别这一研究主题和研究目标。

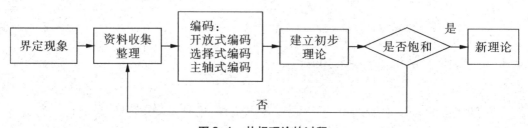

图3-1　扎根理论的过程

为了得到系统的管制员不安全行为风险因素,需要采用系统的思维和相关方法。HFACS框架是一种用于系统分析事故人为因素的工具,最早应用在航空领域。它是在Reason模型的基础上开发的,认可了Reason模型的所有漏洞,包括组织影响、不安全监管、不安全行为的前提条件、不安全行为4个层级和19个类别。该框架不仅能够探索一线员工不安全行为及其前提条件,还能够分析不安全监管等人为因素,是一种全面的、深入的致因分析模型,对于确定事故的人为因素及制定预防措施具有较大意义。

针对风险因素识别,HFACS 框架和扎根理论能够相互补充。基于扎根理论的风险因素识别结果较为具体,能够理清各因素之间的关系,但存在概念交叉、划分尺度不一的问题。HFACS 框架中的人为因素层次划分明确,但无法鉴别主要因素、次要因素以及因素之间的因果关系,且对各层级因素的描述较为笼统,不能完全适用于空管不安全事件中不安全行为风险因素分析。因此,将 HFACS 框架和扎根理论结合,能够得到概念和层次关系更加清晰的管制员不安全行为风险因素概念模型。

3.1.2　风险因素识别资料的选择

数据收集方面,在扎根理论的研究方法中,一切皆为数据。也就是说,数据包含一切,可以是文献、研究对象观点、经历或历史事件。然而,采用大量事故数据虽然能够深度剖析事故的过程、原因,但却很少将行为人的心理活动纳入风险因素来研究。除了文献、专家经验、历史等资料之外,社交网络上也积累了大量的数据信息,能够用来分析用户的心理特征。社交网络为人们提供了互动交流的平台,跟踪和记录了大量自我表达内容。行为受心理活动的支配,是心理现象的外在表现。当员工遭受不满时会提出怨言,这是其表达诉求和维护权益的一种方式,会表现在离职、迟到和旷工等负面行为上。受"中庸""和""关系"等传统文化价值观的影响,在组织内员工更可能让怨言隐而不发。

在移动媒体时代下,社交网络为消费者和其他利益相关者提供了许多在公共场合宣泄对组织不满的可能性。社交网络的注册用户数量巨大,在社交网络上发布的内容和行为都在被跟踪和记录,这为心理因素探究提供了最真实最全面的数据信息。在这些数据中具有很大一部分自我表达即在线评论,包括最为丰富和精确的文本内容,通过分析用户发表的内容可以推测其心理特征。然而,目前社交网络在线评论多用于分析消费者心理和行为特征以及舆情监测,未聚焦到管制员。刘雪元等分析了管制员等民航从业者在民航资源网论坛上的发帖信息,得到了各自的工作压力源,但数据来源单一。关于分析管制员发布的在线评论以了解其行为背后的心理特征的研究十分有限。采用词频分析能够提高人工识别风险因素的效率。在线评论是管制员自愿发布的,表达了其内心的最真实想法,采用在线评论能够克服问卷调查的社会称许性,有助于发现空管行业存在的问题和管制员的需求因素。针对管制员不安全行为的相关文献有限,本书主要选择案例资料和在线评论作为扎根理论研究的数据资料,以相互结合和相互补充。

综上,风险因素识别应为综合性的,即采用的资料数据来源不仅限于不安全事件案例等内部数据,还应包括贴吧和知乎等外部数据。使用多种来源的资料有助于从多角度考察问题,并且相互印证,形成证据三角形。基于以上分析,本章分别以案例资料和社交媒体在线评论为素材,分别采用扎根理论和词频分析法初步识别管制员不安全行为风险因素,通过反复比较 HFACS 模型和扎根理论得出的风险因素,根据 HFACS 模型中的因素概念理顺风险因素间的层次关系,并比较案例资料和在线评论的结论,将风险因素识别结果进行综合。

3.2　基于案例资料的风险因素识别

本节获取风险因素的主要途径为通过访谈和查找空管不安全事件案例,运用扎根理论逐个研读并提取其中的不安全事件类型和致因,以尽可能提取更多的管制员不安全行为风险因素,通过 HFACS 模型进一步分析管制员不安全行为风险因素,修正风险因素初步识别结果。

3.2.1　研究样市与资料收集

（1）访谈资料的收集

为深入了解管制员不安全行为所涉及的各个方面,在 2019 年 5—12 月先后开展了 6 次实地调研,调研单位包括某地区空管分局、支线机场、通航企业,涵盖了管制员所在机构的 3 种类型,调研的形式为座谈、个人访谈和现场观察。访谈对象包括单位领导 1 人；安全管理人员 7 人和一线管制员 6 人（含塔台管制员、区调管制员和进近管制员）,总计 14 人,对每位受访者的平均访谈时间约为 45 分钟,其中部分安全管理人员具有丰富的一线空中交通管制经验,对他们进行了重点访谈。

在以往研究的基础上,从影响因素、行为、结果、管理现状、管理难点及管理对策等方面设计了管制员不安全行为风险因素访谈提纲。采用半结构化的方式进行座谈和访谈,该方法在兼顾理论引导的同时,也使访谈过程具有一定的开放性,以获取更多的研究资料。访谈前,介绍了调研目的和调研内容,在获取调研对象的许可后对内容进行录音并记录。通过讨论管制员不安全行为及空管原因导致的不安全事件案例,获得了 14 份来源广泛、内容全面的资料,共 11 560 字。访谈后采用阿拉伯数字对受访者进行编码,将录音和记录人工逐字逐句地转录为 Word 文本资料以供进一步的分析。

（2）不安全事件案例资料的收集

原始资料对采用扎根理论构建新的理论体系至关重要,权威机构发布的信息具有较高的可靠性和准确性,因此本书选取中国民用航空局和民航某地区空管系统下发的国内外事件案例作为原始资料。民航空管机构积累了大量的不安全事件风险通告、不正常事件通报和不安全事件调查报告等资料,这些资料包含详细的过程描述和原因分析,适合采用扎根理论进行分析。通过收集整理,选取近 10 年间,管制原因导致的不安全事件案例,共获取了 59 份资料,如表 3-2 所示。

表 3-2　不安全事件案例资料分布(举例)

序号	案例名称	案例来源
1	2010 年 6 月,法国巴塞尔进近管制区,法航 A319 与瑞士易捷航空 A319 危险接近	中国民用航空局网站
2	2010 年 12 月,澳大利亚墨尔本进近管制区,澳洲航空 B763 和维珍蓝航空 B737 飞行冲突	中国民用航空局网站
3	2011 年 11 月西班牙特内里费机场塔台管制区,A321 与 B757 飞行冲突	中国民用航空局网站
……	……	……
33	2018 年航空器中止进近或复飞的事件	某地区空管系统
34	2018 年管制员未有效监听机组复诵的不安全事件	某地区空管系统
35	2019 年某单位区域管制室席位管制员遗忘飞行动态的不安全事件	某地区空管系统
……	……	……

收集并整理好案例文本资料后,将 80% 的资料用于编码,依据扎根理论的过程,按照开放式编码、主轴式编码、选择式编码的顺序对其进行编码。

3.2.2　案例资料的编码过程

(1)开放式编码

开放式编码要求研究者以一种开放的心态对原始资料进行深入分析并根据资料本身所呈现的状态对其进行编码,分为概念化分析和范畴化分析两个阶段。概念化分析是将访谈资料和不安全事件案例资料进行拆解,以更精练的语句表示原句的含义,使原始资料概念化。拆解后的原始资料包含很多类似的、相同的语句,将其初步整合,同时排除了相对简单和回答模糊的语句,保留与主题相关的陈述。由于原始资料内容较多,在开放式编码阶段涉及大量的分析表格,因此对该过程进行举列说明。围绕管制员不安全行为风险因素这一核心主题,逐句概念化分析访谈资料和管制原因导致的不安全事件。通过开放式编码概念化分析,对原始资料的反复梳理和调整,抽象出 332 个概念,如表 3-3 所示。

表 3-3　开放式编码(概念化分析)(举例)

编号	资料类型	原始语句	概念化
1	访谈资料 1	A1 6 月 20 日,雷雨天气,进近管制员疲劳,晚上流量大,要留守	A1-1 身体疲劳
			A1-2 夜班
			A1-3 晚上流量大
		A2 雷雨天气和平时不一样,口误多,主副班配合不太好,领班主任去席位了,对空中运行态势失控,造成 5 分钟连续出现 2 个偏差。有个见习管制员学习态度端正,晚上来学习,一输入数据,就出了问题,这与实习的设备有关系,塔台管制员及时发现。人为将气象值调大了,但没造成不良后果	A2-1 雷雨天气
			A2-2 口误很多
			A2-3 领班主任未纠正人员工作中的问题
			A2-4 没有造成不良后果
2	访谈资料 2	A3 平时上班时,他的状态、管制数量都低于平均水平	A3 管制员工作状态不佳
		A4 当时领班主任是最后一个班,马上要转走了,放松了监管,最终导致航班复飞	A4-1 领班主任放松监管
			A4-2 航班复飞
		A5 事情发生在晚上,不是每个人都能承受住这种高负荷的工作和多年熬夜的习惯	A5-1 夜班
			A5-2 高工作负荷
			A5-3 熬夜
		A6 有很多技术手段、规章,为什么还会出现睡岗问题?人是根本,不能执行的话,也没什么用	A6-1 规章制度执行不到位
			A6-2 睡岗问题
……	……	……	……

续表 3-3

编号	资料类型	原始语句	概念化
15	2016 年一起由于管制原因导致两机飞行冲突的不正常事件	B1 因空军活动限制某方向高度限制 7800 米(含)以下,高度 10 400 米(含)以上	B1 高度限制
		B2 在扇区流量不大的情况下,管制员在突遇进近管制室提出进港限制时(更换跑道),简单采取盘旋等待的方式调配间隔,引发了空中冲突	B2-1 管制席管制员调配预案不佳
			B2-2 两机飞行冲突
		B3 陆空通话不规范,管制员未向两机通报空中动态,同时未对潜在冲突进行雷达连线	B3-1 陆空通话不规范
			B3-2 未进行冲突连线
16	2016 年关于雷达标牌被错误抑制或解关联的不正常事件	B4 管制员可能在平时的工作中存在不良的操作习惯,比如频繁点击鼠标、无目的地不断点选不同标牌等,导致点开的操作界面与航班不一致	B4 管制员的不良操作习惯
		B5 管制员对于在区域外较远联系或识别的航班,在进入区域前较少通话,管制员对其较少关注,未能建立对该动态的记忆和全局的情景意识	B5 管制员情景意识缺失
		B6 值守夜班比日间工作更容易引发管制员工作疲劳、精力不到位、操作偏差乃至违章	B6-1 值守夜班
			B6-2 工作疲劳
		B7 值班管制员可能精力不集中,放松了对屏幕的监控,没有发现自己区域内有未识别的目标	B7 管制员放松监控
		B8 最终导致航空器飞出本管制区 5 分钟(含)以上仍未与下一管制扇区(区域范围)建立无线电联系	B8 航空器未能联系下一管制区域
……	……	……	……

通过概念化分析得到的概念具有零散化的特点,需要将相似或相近的概念关联起来,建立范畴,这个过程为范畴化。进一步提炼和分析得到的 332 个概念,将概念聚类和关联,概括得出 57 个范畴,如表 3-4 所示(列出了部分范畴和概念)。

表 3-4 开放式编码(范畴化分析)(举例)

范畴	概念化
安全监督检查执行不到位	A18-4 没人监督
	A19-2 支线机场塔台没有摄像
	A26-1 管理松懈
	B31-2 安全督查部门未纠正夜班值守中的问题
	B32 安全工作流于形式
	B52-1 管理部门监督不到位
	B76-1 跟踪监督整改落实不到位
	B83 日常工作检查监督力度不够
	B92 运行管理部门对五边间隔风险识别不足
	B114 对岗位互换风险评估不足
	B130 安全检查不到位
	B133 管理要求传达不到位
	B135 运行业务管理不规范
	B136 管理部门未有效传达和落实相关要求
	B137 流量管理实效性不高
	B179-1 没有定期对复飞按钮进行维护和测试
	A4-1 管理部门未发现并纠正雷达故障
	A15-1 机场管制中心监管
	A35-1 管理部门未解决存在的隐患
	A40-1 管理部门的风险评估不够充分
	A63 跑道占用信号信息不明确

续表 3-4

范畴	概念化
团队配合不足	A10-3 班组搭配工作
	B66 管制员之间的协调配合不好
	B81 协调管制员未有效监听
	B86 塔、进管制员之间的协调配合不畅
	B126 管制员之间的协调配合不好
	B156 协调管制员疏于监听
	B173 席位管制员之间的协调配合
	A8 扇进近管制员与高扇管制之间缺乏协调
	A17 其他管制员未发现高度不一致
	A34-2 管制员之间分工不明确
	A36-3 管制员之间未进行沟通和协调
	A55-1 管制员之间协调配合不好
	A59-3 塔台管制员未回复
	A61 管制员之间协调配合不好
	A70-2 管制员之间缺乏协调
飞行冲突	B10-2 两机飞行冲突
	B147-2 两机发生飞行冲突
	A42-2 飞行冲突
	A45-2 飞行冲突
	A52-2 飞行冲突
	A57-3 飞行冲突
	A59-4 飞行冲突
	A67-2 飞行冲突
	A69-2 飞行冲突

续表 3-4

范畴	概念化
飞行流量大小	A1-3 晚上流量大
	A15-5 流量太大
	A18-3 航班少
	A29-2 晚上流量小
	B5 管制频率内受控的航空器少
	B20 空中流量不断增大
	B26 航班频繁
	B38-2 航班量增长
	B54-1 管制区内盘旋的飞机多
	B127-1 航班量增加
	B144 航空器密度增大
	B158 航班流下降较快
	B169 管制扇区繁忙
	B181-1 航班流量增加
	A13 航班量大
	A22-1 大量飞机等待
	A29-2 工作量增加
	A38-1 空中交通拥堵
……	……

（2）主轴式编码

范畴化分析后需找出主范畴，从次要概念类属中发现并建立主要概念类属之间的关联，这是主轴式编码的重点内容。进一步分析并寻找在开放式编码过程中得到的范畴之间的因果关系和逻辑联系，剔除与其他概念不能聚拢成范畴的概念。通过反复比较和归纳，对 57 个范畴进行抽象，在系统层面进行聚类，得到 14 个主范畴，如表 3-5 所示。

表 3-5　主轴式编码范畴

主范畴	范畴
管制员能力不足	管制员安全知识不足
	管制员工作技能不足
生理状态限制	管制员疲劳
	管制员身体状况不良
管制员失误	管制员发布指令错误
	管制员监听复诵失误
	管制员情景意识不足
团队配合不足	班组成员未提供有效配合
管制员违章	管制员未进行冲突连线
	管制员未对航班持续监控
	管制员通话用语不规范
	管制员现场工作秩序不佳
	交接不规范
	未使用进程单
	违规指挥和调配
	移交协调不规范
不良心理因素	工作压力大
	管制员安全意识和责任心欠缺
	薪酬不满意
	管制员注意力分配不当
技术环境因素	座椅不适
管制设备因素	航空情报设备故障
机组因素	机组协同失效
监管因素	安全监督检查执行不到位
	安全教育培训不符合要求
	工作负荷不合理
	监管者对安全管理的重视不足
	未纠正现场值班违规
无后果	未造成后果

续表 3-5

主范畴	范畴
管制环境因素	飞行流量大小
	空军活动限制
	机场内场环境复杂
	恶劣天气
	通航飞行
	相邻管制区限制
	相似航班号
有后果	航班复飞
	航班中止进近
	航空器与下一管制区域失联
	两机小于规定间隔
	跑道侵入
	突发事件处置不当造成不良后果
	飞行冲突
	飞机紧急撤离
	飞机燃油不足
	航班滑行路线错误
	航班延误
	航空器误入禁区
组织因素	管制班组力量搭配不合理
	上岗管制员缺少
	班组安全氛围低
	管制员缺编
	薪酬待遇不合理
	职业发展不清晰
	班前/后讲评不充分
	规章制度标准不完善
	夜班执勤时数超规章要求

（3）选择式编码

选择式编码是在主轴式编码的基础上，对各主范畴之间的关系进行梳理，从中抽象出可以概括所有范畴的核心范畴，并以故事线的方式理清核心范畴和次要范畴之间的关系。核心范畴能够把其他所有范畴连成一个整体，起到"提纲挈领"的作用。通过对主范畴选择式编码，得到 6 个核心范畴，分别为管理因素、管制员状态因素、环境因素、设备因素、管制员不安全行为、结果，如表 3-6 所示。其中，管制员不安全行为包括失误和违章 2 个方面，结果包括无后果、有后果 2 个方面。失误表现在管制员发布指令错误、管制员监听复诵失误、管制员情景意识不足 3 个方面，违章表现在管制员违规指挥和调配、管制员未进行冲突连线、管制员未对航班持续监控、管制员通话用语不规范、管制员现场工作秩序不佳、交接不规范、未使用进程单和移交协调不规范 8 个方面。

表 3-6　选择式编码范畴

核心范畴	主范畴
管理因素	组织因素
	监管因素
管制员状态因素	管制员能力不足
	生理状态限制
	不良心理因素
	团队配合不足
环境因素	技术环境因素
	管制环境因素
	机组因素
设备因素	管制设备因素
管制员不安全行为	管制员失误
	管制员违章
结果	无后果
	有后果

3.2.3　初步风险因素与饱和度检验

（1）风险因素的初步识别结果

通过归纳总结编码结果，得到初步的管制员不安全行为风险因素，包括 4 个大类和

33 个细分类风险因素,如表 3-7 所示。根据案例故事线,环境因素、设备因素、管理因素和管制员状态因素影响着管制员不安全行为风险的生成,即它们可能造成管制员不安全行为发生,引发无后果、一般差错或严重差错等结果。

表 3-7　管制员不安全行为风险因素的初步识别结果

风险因素大类	风险因素维度	风险因子
环境因素	管制环境因素	飞行流量大小
		空军活动限制
		机场内场环境复杂
		恶劣天气
		通航飞行
		相邻管制区限制
		相似航班号
	技术环境因素	座椅不适
	机组因素	机组协同失效次数
设备因素	管制设备因素	航空情报设备故障
管理因素	组织因素	管制班组力量搭配不合理
		上岗管制员缺少
		班前/后讲评不充分
		规章制度标准不完善
		夜班执勤时数超规章要求
		班组安全氛围低
		管制员缺编
		薪酬待遇不合理
		职业发展不清晰
	监管因素	未纠正现场值班违规
		工作负荷不合理
		安全监督检查执行不到位
		安全教育培训不符合要求
		监管者对安全管理的重视不足

续表 3-7

风险因素大类	风险因素维度	风险因子
管制员状态因素	不良心理因素	工作压力大
		管制员安全意识和责任心欠缺
		薪酬不满意
		管制员注意力分配不当
	生理状态限制	管制员疲劳
		管制员身体状况不良
	管制员能力不足	管制员安全知识不足
		管制员工作技能不足
	团队配合不足	班组成员未提供有效配合

（2）饱和度检验

为了保证模型构建的可靠性和完备性，需要进行饱和度检验。如果采用新收集的数据得到的概念或范畴包含在已有概念或范畴内，没有新概念或范畴出现，则认为概念模型在理论上是饱和的。为消除构建理论时形成的固有印象，在构建理论一周后进行饱和度检验，将剩余的 20% 不安全事件案例用于新一轮资料编码，按照扎根理论的程序进行开放式编码、主轴式编码、选择式编码，与以上案例内容进行比较，检验发现没有新的风险因素产生，这表明模型在理论上达到饱和。因此，该模型通过了饱和度检验，停止案例资料收集与分析。

3.2.4　风险因素的初步修正

本部分将采用 HFACS 模型进一步分析管制员不安全行为风险因素，初步修正运用扎根理论得到的风险因素识别结果。总的来说，HFACS 模型可分为 4 个层次：不安全行为、不安全行为的前提条件、不安全监管和组织影响。

（1）基于 HFACS 模型的管制员不安全行为风险因素分析

1）组织影响。组织影响包括 3 个方面，即资源管理、组织氛围、组织过程。其中，资源管理指如何管理实现愿景所需的人力、财力和设备资源。组织氛围主要是指组织结构和文化等。组织过程包括制定的规章制度程序等。例如，班组力量搭配不合理、管制协议移交程序不完善。

2）不安全监管。不安全监管可划分为监管不足、运行计划不当、无效纠正、监管违规。监管不足是指对人员和资源的监督和管理职责履行不到位,包括培训和专业指导等方面。运行计划不当是指对管制员工作负荷的管理和分配不当问题。无效纠正,是指未能纠正已知问题,即管理者未及时纠正已发现的不安全行为或潜在的不安全行为,例如未及时制止席位聊天、不良操作习惯等。监管违规指的是管理者在其职责过程中未重视安全规章制度、指示或标准操作程序。

3)不安全行为的前提条件。不安全行为的前提条件主要由环境因素、操作者状态、人员因素三部分构成。①环境因素包括技术环境和物理环境。技术环境是指设备和控制的设计、显示/界面特征和自动化存在缺陷。物理环境是指操作环境如天气、高度、地形等,例如天气恶劣、机场内场环境复杂,也指管制员周围的环境,如管制室内的高温、振动、照明等。②操作者状态分为不良心理状态、不利的生理状态、身体/精神限制三种。不良心理状态是指对工作表现有负面影响的严重心理状况如工作压力较大。不利的生理状态是指妨碍安全操作生理状况如疾病、疲劳。身体/精神限制是指可能对表现产生不利影响的身体/精神障碍,包括视力差和体力不足等。③人员因素可划分为班组资源管理、个人准备两个维度。班组资源管理包括执行管制任务过程中各种沟通、协调和团队合作问题。个人准备如休息不足、饮酒等。

4)不安全行为。不安全行为分为失误和违章两个维度,其中失误包括技能性失误、决策性失误和认知性失误,违章由习惯性违章和偶然性违章构成。

结合 HFACS 模型的各层次内容,分类分析管制员不安全行为风险因素,结果如表3-8所示。

表3-8　基于 HFACS 模型的管制员不安全行为风险因素分析(举例)

不安全行为的表现形式	不安全行为的类型	不安全行为的前提条件	不安全监管	组织影响
管制员口误	技能型失误	管制员不良状态→管制员能力不足→管制员安全知识不足	不安全监管→监管不足→培训不符合要求	组织影响→组织过程→规章制度标准不完善
		管制员不良状态→管制员能力不足→管制员工作技能	不安全监管→无效纠正→未纠正现场值班违规	
		环境因素→技术环境因素→航空情报设备故障		

续表 3-8

不安全行为的表现形式	不安全行为的类型	不安全行为的前提条件	不安全监管	组织影响
管制员未按管制协议进行移交	违章	管制员不良状态→管制员能力不足→管制员安全知识不足	不安全监管→监管不足→培训不符合要求	组织影响→组织过程→规章制度标准不完善
		环境因素→技术环境因素→航空情报设备故障		
		环境因素→物理环境因素→恶劣天气		

（2）初步风险因素的修正

将 HFACS 模型与采用扎根理论识别得出的管制员不安全行为风险因素进行对比，发现两者之间具有较高的重合度。通过扎根理论得出的风险因素识别结果具有饱和性，但风险因素维度的划分存在概念交叉、划分尺度不一等问题。HFACS 模型人为因素层次划分明确，但对各层级子因素的描述较为笼统。因此，通过对比分析、互补分析两者的结果，可对扎根理论的结果作进一步的修正，修正内容如表 3-9 所示。

表 3-9　管制员不安全行为风险因素的初步修正内容

项目	详细内容
风险因素大类的修正	①将"设备因素"删去 ②将"管理因素"划分为"组织管理"和"不安全监管" ③将"管制员状态因素"改为"管制员不良状态"
风险因素维度的修正	①将"业务能力限制"与"管制员能力不足"合并为"业务能力限制" ②将"管制员不良心理因素"改为"管制员不良心理状态" ③将"管制环境因素"改为"物理环境因素" ④删去"组织因素"与"监管因素"，删去"管制设备因素" ⑤补充"资源管理因素""组织过程因素""组织氛围因素""无效纠正""运行计划不当""监管不足""监管违规"
风险因子的修正	①将"航空情报设备故障"改为"重要通导设备故障"并划分到"技术环境因素" ②将"天气恶劣"与"恶劣天气"合并为"恶劣天气"

通过对风险因素的初步修正，建立管制员不安全行为风险因素的概念模型，如图 3-2 所示。

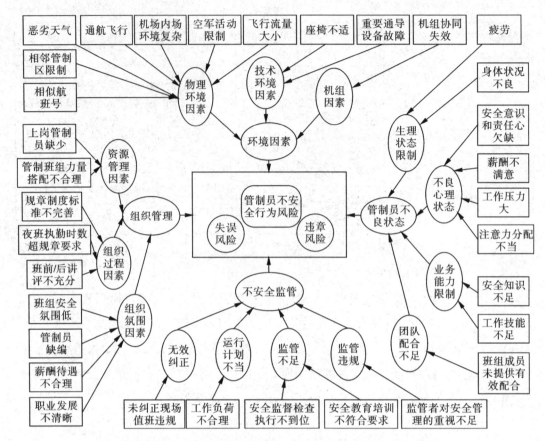

图3-2　管制员不安全行为风险因素的概念模型(案例法结果)

3.3　基于在线评论的风险因素识别

3.3.1　样本选择与数据收集

　　数据样本为近两年国内社交媒体网站上与空中交通管制工作有关的在线评论。为保证数据的有效性和全面性,采用的社交媒体网站包括3类:中国民航专业网站、大众社交媒体网站和就业信息网站。据Alexa.com统计,平均7个中国民航人中就有1人在使用民航资源网的信息资源,在该网站的"空管论坛"上具有许多与空管有关的话题讨论。大众社交媒体网站,如知乎、百度贴吧的特点是允许用户针对某一主题进行互动交流,在这些网站上用户不仅可以提出问题,请他人解答,还可以表达自己的想法、见解。看准网是一种最具代表性的就业信息网站,在看准网上网友可以针对正在就职的公司或曾经就职的公司作出评价。大多用户发表的评论是匿名的,这有助于降低他们发表意见时的顾虑,还可避免社会称许性。因此选择在民航资源网、知乎、百度贴吧、看准网上用户发布的帖子作为研究资料具有较好的代表性和较高的利用价值。

通过八爪鱼数据采集器软件爬取数据,选择主题与空中交通管制有关的在线评论,主要采集评论时间、评论主题、评论内容,收集到了 1148 条评论。为了保证样本的时效性和有效性,选择的帖子最后回复时间为 2017 年 1 月—2019 年 9 月,剔除字数少于 5 的评论,删除与空管工作评价无关的评论,最终得到样本 385 条。在线评论筛选流程如图 3-3 所示。

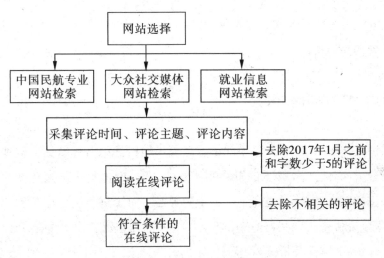

图 3-3　在线评论筛选流程

对筛选后的在线评论进行统计,结果表明民航资源网中的空管论坛有 12 个相关话题,33 条回复,话题个数和回复数量(8.57%)均是最少的;知乎中的空管话题有 19 个相关话题,136 条回复(35.32%),回复数量仅次于百度贴吧;百度贴吧中的空管吧有 21 个相关话题,171 条回复(44.42%),在这 3 个网站中数量最多;看准网上有 41 个相关话题,45 条回复(11.69%),话题个数最多,但回复数量偏低,如表 3-10 所示。总的来说,在这 3 类网站中大众社交媒体网站上的回复数量最多,说明管制员在大众社交媒体网站上的互动性较强。

表3-10 在线评论样本量统计结果

社交媒体网站类型	网站名称	话题个数	回复数量	占比
中国民航专业网站	民航资源网-空管论坛	12	33	8.57%
大众社交媒体网站	知乎-空管话题	19	136	35.32%
	百度贴吧-空管吧	21	171	44.42%
就业信息网站	看准网	41	45	11.69%
合计		93	385	100.00%

利用情感词典,与文本的字符串匹配,将在线评论分为积极、中性、消极三类。由于词典不一定能够覆盖全部词,为减少情感分析的误差,检查每条评论表达的含义,重新归类有误差的评论。结果表明,消极评论占87.01%(335条),比例最高;积极评论为5.19%(20条),占比远低于消极评论;中性评论为7.79%(30条)。可见,对空中交通管制工作的评价多为消极评价。

3.3.2 在线评论的编码过程

本书关注工作中的负面因素,因此将重点探讨消极评论。将收集并整理好的消极在线评论资料分为两部分,即80%的资料用于编码,20%的资料用于饱和度检验。关键词在线评论中出现频次越高,代表在工作中越为关注。由于仍不能通过关键词明确其具体含义,因此需要分析这些词在评论中的使用,将关键词重新整合。词频分析的初步统计结果形成概念,为范畴化分析提供指引。采取扎根理论进一步分析在线评论,把关键词视作开放式编码的核心概念,逐一阅读并客观总结每一条回复,不断比较核心概念之间的关联性,确定范畴。结合HFACS模型的人为因素分类,进一步修正在线评论编码结果。

(1)开放式编码

将整理好的268条消极在线评论文本资料导入在线词频分析工具进行词频统计,形成初始概念。剔除"空管"和"工作";将无明显指代意义的词设为停用词,如副词"但是""不是""没有""好的""如果""所以""不多""什么""可能"。采用词云对词频统计结果进行可视化展示,如图3-4所示。在词云中,大小、粗细等特征表示关键词的重要程度差异,其中字体越大代表出现的频次越高。

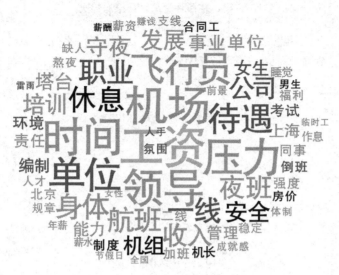

图 3-4　消极在线评论词云

根据研究主题和在线评论,对重要的或频繁出现的关键词进行筛选和整合,得到能充分代表在线评论的关键词。由图 3-4 可知消极在线评论词云中的词多为单独的。与单独的词相比,短语具有的信息较多,更能丰富地展示语义内容。例如,"单位"不能反映主题,而"事业单位"比"单位"所表达的语义更丰富。为使高频词表达的信息更丰富,在初始编码和词频分析的基础上,将同义词合并,如"事业单位""事业"构成组合词"事业单位"。同时,结合关键词在评论中的使用,将其他高频词重新整合,使其充分代表评论文本。将高频词整理后,共得到 30 个短语(概念)(见表 3-11 第四列)。将 30 个概念进行范畴化分析,得到 18 个范畴(见表 3-11 第三列)。

(2)主轴式编码

基于开放式编码,在 18 个范畴中寻找关联,归纳为数量更少、更高层次的主范畴。结合研究主题,将主轴式编码中的 18 个范畴,经过反复,得到 5 个主范畴(见表 3-11 第二列)。

(3)选择式编码

在主轴式编码的基础上,构建核心范畴和次要范畴,并理清它们之间的关系,这个过程为选择式编码。通过选择式编码得到 3 个核心概念,分别为环境因素、管理因素、管制员状态因素,如表 3-11 第一列所示。

(4)饱和度检验

按照扎根理论的编码程序对剩余的 67 条消极在线评论进行编码,没有出现新的概念和范畴,这表明该理论模型已经达到饱和。

表3-11 在线评论统计结果和频次

核心范畴	主范畴	范畴	概念（短语）
环境因素（116）	管制环境因素（116）	飞行流量大（33）	航班量（33）
		恶劣天气（3）	雷雨（3）
管理因素（892）	组织因素（625）	薪酬待遇不合理（170）	工资待遇（162）、房价水平（8）
		雇佣关系不稳定（241）	工作单位（149）、单位编制（21）、工作稳定性（9）、劳动关系（11）
		职业发展限制（62）	职业发展（62）
		组织安全氛围低（32）	工作环境（14）、员工离职（11）、组织氛围（7）
		规章制度标准不完善（18）	规章制度（18）
		夜班执勤时数超规章要求（80）	夜班（80）
		人员数量不足（22）	人才（22）
	监管因素（267）	工作负荷不合理（174）	工作时间（55）、加班情况（10）、工作地点（77）、工作岗位（21）、工作强度（11）
		安全教育培训不符合要求（38）	培训（26）、资格考试（12）
		未纠正现场值班违规（55）	领导监管（55）
管制员状态因素（259）	生理状态限制（81）	疲劳（51）	休息状况（45）、作息规律性（6）
		身体状况不良（30）	身体状况（30）
	不良心理因素（178）	工作压力大（54）	压力（54）
		薪酬不满意（79）	薪酬满意度（79）
		安全意识和责任心欠缺（39）	安全责任感（39）
		职业成就感不足（6）	成就感（6）

采用HFACS模型修正基于扎根理论得到的在线评论风险因素识别结果。将"管理因素"划分为"组织管理"和"不安全监管"，将"管制员状态因素"改为"管制员不良状态"；将"管制员不良心理因素"改为"管制员不良心理状态"；将"管制环境因素"改为"物理环境因素"；删去"组织因素"与"监管因素"；补充"资源管理因素""组织过程因素""组织氛围因素""无效纠正""运行计划不当""监管不足""监管违规"；将"人员数量不

足"改为"上岗管制员缺少",将"雇佣关系不稳定"改为"管制员缺编",将"职业发展限制"改为"职业发展不清晰"。经过修正,最终得出了4个大类和18种细分的管制员不安全行为影响因素。

3.3.3　风险因素框架的构建

为系统地分析管制员不安全行为风险,需要将在线评论风险因素集成到风险因素框架中。根据管制员不安全行为风险因素的概念和范畴,归纳整理风险因素,直观形象地展示风险因素与管制员不安全行为风险的关系,如图3-5所示。对比两种方法的识别结果,发现采用在线评论识别出的大部分风险因素与案例法相同,验证了前面通过案例资料得到的部分因素,新识别出的风险因素包括职业成就感不足,如图3-5中加粗的方框内容所示。通过分析在线评论得到风险因素的方法可以推广到其他领域,比如收集飞行员的在线评论,采用词频分析获取初始概念,再结合扎根理论和HFACS模型,构建风险因素概念模型。然而,本书收集到的在线评论有限,在线评论样本扩大后,将得到并验证更多风险因素。

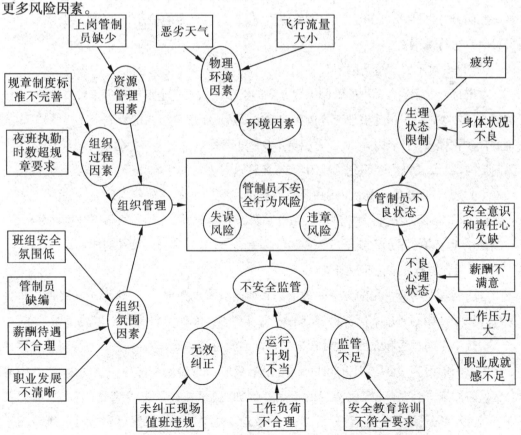

图3-5　管制员不安全行为风险因素的概念模型(在线评论挖掘结果)

3.4   案例资料与在线评论的结合

3.4.1   案例资料与在线评论的比较

案例资料为经验资料,运用扎根理论在此基础上建立理论,通过不断比较和归纳建立管制员不安全行为风险因素的概念模型,为后续深入研究奠定基础。在线评论为员工在网上发布的内容,反映管制员关注点的内容和结构,这些在线评论关注点具有影响不安全行为的可能性,在大数据背景下具有重要意义。采用这两种数据研究的区别有如下3个方面。

(1)两者的研究方法不同

分析案例资料采用的方法为扎根理论,该方法是从下而上扎根于经验和原始资料,并从中进行归纳,但人工收集和归纳工作量大。在线评论资料是通过爬虫软件获取的,利用情感词典,与文本的字符串匹配,将在线评论分为积极、中性、消极三类,采用的词频分析法能够快速从大量的非结构化文本中获取关键信息,词云的可视化呈现方式更加直观。然而,通过词频分析得到的词为单独的,若要获取更多的信息,还需要结合在线评论资料内容进行编码。

(2)两者对不安全行为的解释不同

本书选取的案例为典型的管制原因导致的空中交通不安全事件和不正常事件,有详细的调查分析报告。采用扎根理论分析案例得出了造成不安全行为的管制员不良状态、不安全监管、组织管理、环境因素,其中管制员不良状态为影响不安全行为的直接因素,其他因素为间接因素。该方法除了识别风险因素外,还注重对因素的系统分析。在线评论内容为非结构化的数据,通过在线评论得到的风险因素较为零散,反映了管制员所关注的内容,不能直接显示它们与不安全行为之间的关系。可见,对管制员原因导致的不安全事件分析中,在线评论无法直接揭示不安全行为的风险因素,在这方面其局限性较为明显。

(3)两者的研究结论相互补充

分析两种资料所采用的方法的理论饱和度均具有局限性,可以将分析在线评论得到的风险因素补充到通过案例资料得到的概念模型中。案例资料来源于权威机构发布,描述了事件产生的过程和原因,但对管制员个体因素分析不足。在线评论为管制员在网站上自愿发布的内容,是从员工的角度来叙述的,反映了管制员个体所关注的内容,其中隐含着风险因素,能够弥补案例资料的不足。例如,通过在线评论得到薪酬待遇、雇佣关系、飞行流量等管制员关注点,分析结果表明这些关注点均为风险因素。这些风险因素中的大部分可以在案例资料中得到,而职业成就感因素未在案例资料中反映。此外,在线评论表达了管制员内心的最真实想法。因此,当不容易得到管制员对不安全行为的风险因素的主观意见时,在线评论是一个可行的解决方案。

3.4.2　风险因素识别结果的整合

对比两种资料的风险因素识别结果,发现采用在线评论识别出的大部分风险因素与案例法的相同,验证了前面通过案例资料得到的部分风险因素,如"物理环境""资源管理""组织过程""组织氛围""无效纠正""运行计划不当""监管不足""疲劳""身体状况不良"等。然而,在线评论编码结果中未显示"技术环境""机组因素""监管违规""业务能力限制""团队配合不足"等风险因素维度。新识别出的风险因子为职业成就感不足。针对该风险因素咨询空管专家的看法,空管专家表示职业成就感因素很重要,因此在本书中将其加入到概念模型中。整合案例资料和在线评论的风险因素识别结果,得到管制员不安全行为风险因素概念模型如图 3-6 所示,包括 4 大类风险因素和 34 个细分类风险因子。4 大类风险因素涵盖组织管理、不安全监管、环境因素和管制员不良状态。图中加粗的方框内容和加粗的竖椭圆内容为基于在线评论的风险因素识别结果。

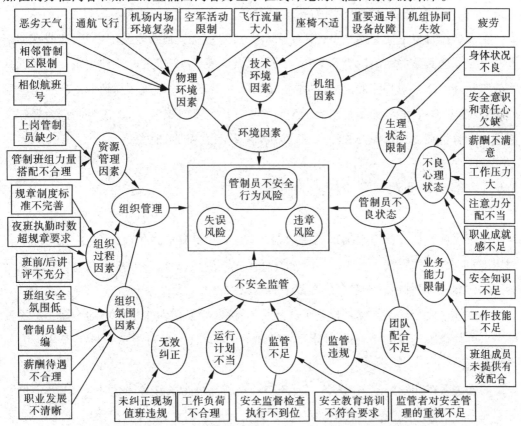

图 3-6　管制员不安全行为风险因素的概念模型(整合结果)

3.5　风险因素的影响机理分析

　　从总体上,不安全事件案例故事线可以概括为组织管理、不安全监管、管制员不良状态和环境因素4个核心范畴对管制员不安全行为具有显著影响,进而产生不安全行为风险。进一步分析得到故事线:近年来航班量持续上升,管理部门的统筹和协调难度加大,由于监管能力不足或风险意识薄弱,导致管制协议等制度程序不完善,管理部门对流量管理不当,导致管制员工作负荷增加,管制员容易产生疲劳,进而导致其犯错,产生不安全行为风险。另一方面如果设备出现故障,管理部门对设备运行情况的监管责任缺失,而管制员对设备的依赖程度很高,则管制员指挥将受到很大影响。整个故事线为环境因素影响组织因素,组织因素影响监管因素,监管因素影响管制员状态因素,进而对管制员不安全行为产生影响;环境因素影响监管因素,监管因素影响管制员状态因素,同时管制员状态受到环境因素影响,导致管制员不安全行为风险。以上5个核心范畴可以统领其他范畴,最终能够概括为故事线,完整描述管制员不安全行为风险形成的过程。

　　在大数据背景下社交网站上记录了大量真实的管制员自我表达的内容,这些数据信息有助于了解其最关注的内容和潜在的风险因素。表3-11中的在线评论统计结果反映了管制员在工作中最关注的因素,因素在在线评论中出现的次数从高到低依次为组织管理、不安全监管、管制员的不良状态、环境因素。下面按该顺序,结合在线评论内容和文献进一步分析在线评论中的关注点及其影响不安全行为的可能性。

3.5.1　组织管理对不安全行为的影响

　　组织管理在在线评论中出现的次数最多,也是管制员最为关注的内容。研究表明,组织因素的综合权重接近整个空管系统所有人为因素的三分之一,是所有因素中最显著的因素,组织资源管理因素在组织因素中所占比例较大。

　　在线评论内容反映了空管行业工资待遇不合理,管制员对工资待遇的不满。员工薪酬满意度代表了员工对企业薪酬分配与管理的满意状况,正向影响着员工安全行为的产生。

　　雇佣关系在在线评论中出现的次数较多,管制员较为关注单位编制、工作稳定性和劳动关系。当劳动关系持续性不确定性时,员工会产生担忧,缺乏安全感。研究表明,工作不安全感越高,对安全行为的影响越大。部分管制员反映其没有编制,为合同工,因此产生不满。编制内和编制外的薪酬待遇存在差异,大多数人希望在编制内。空管局管制工作稳定,但大部分支线机场不是事业单位,所处地理位置较偏远,在可预见的中枢航线网络中不会成为枢纽机场,因此在支线机场工作稳定性不强。工作单位在雇佣关系中出现的频次最高,由于管制理念和企业文化等的不同,工作单位对管制员的影响不同。研究表明,工作单位对监听错误有显著影响。在枢纽机场的空管局为事业单位,职业发展空间有限,部分管制员对此表示不满。

部分管制员提到人才缺乏是该行业的普遍现象,尤其是一线城市,原因在于工资待遇低,难于留住人才,人才缺乏和航班量增加导致人均工作量加大,不安全行为产生的概率增加。另外,管制单位存在很多严格的规章制度,这对其造成压力。

3.5.2　不安全监管对不安全行为的影响

大多管制员觉得业务培训和资格考试频繁,但对于管制单位来说培训是为了提升管制员的安全行为能力。一些管制员反映管制单位体制僵化,存在官僚主义。领导管理方式是影响员工工作行为的重要软性资源,专断、粗鲁的领导方式均会抑制安全参与行为的产生。在实际工作中,领班主任为一线管制员的直接管理者,其领导管理方式影响着管制员的安全行为。

工作负荷较高被提到的次数最多,包括工作时间、加班情况、工作地点、工作岗位、工作强度。工作时间、加班情况等是相互联系的。工作时间过长和高负荷均易导致管制员犯错,因为这种情况容易使人疲劳。

3.5.3　管制员不良状态对不安全行为的影响

疲劳状况为生理因素的主要构成部分,休息不足的情况下容易疲劳,疲劳存在负面效应,显著影响失误的发生。部分管制员提到休息时间会培训、开会、模拟机培训,这会造成他们的休息不足,不安全行为风险增加。管制工作需要上夜班,作息不规律,更容易疲劳。

工作压力是管制员普遍存在的,来源于工作负荷(航班量)、工作强度、安全责任、角色冲突等,长期处于高压力工作状态的管制员可能会产生消极的生理和心理影响,容易导致工作绩效低下。不同工作岗位的管制员的压力不同,塔台管制员的压力较大,因为绝大多数飞行事故发生在起落阶段。

部分管制员提到工资与工作量不成正比,近年来航班量越来越大,工资却很少增长。

飞行员工资高,社会认可度高,相比之下,管制员为"幕后工作者",因此会产生不公平感。一线城市工资比二线城市工资高,但房价高,生活成本大,这也是管制员对薪酬水平不满的主要原因,进而影响着员工安全行为的产生。

管制员安全意识和责任心是指安全责任感,部分管制员提到需要具备强烈的安全责任感,始终要把民航安全放在第一位。责任心为一种人格特质,是影响工作绩效的因子中最强且最稳定的,能够很好地改善安全行为。安全责任感是对保证和维护航空器安全运行的义务的评价和倾向,为一种内在心理动力,影响着安全行为的产生。

3.5.4 环境因素对不安全行为的影响

航空交通活动随着不同交通类型、交通量和天气的变化而不断演变。因此,管制员不得不处理越来越多的信息,这可能会导致他们的工作量显著增加。近年来,航班量逐年上升,导致管制员的保障压力越来越大。有些管制员反映工作环境相对压抑,压力较大。在压抑的环境中个体工作积极性下降,出错的概率会加大。由于身体、压力等原因,一些管制员会离职,同事的离职会使其不看好空管这个行业,从而使其离职倾向增加,工作投入降低。雷雨天气等特殊情况下空中交通复杂,管制工作更加繁忙,需要灵活应变,迅速采取措施,否则会导致飞行冲突等不安全事件。在夜间值班,工作负荷较低,容易使人倦怠和松懈,进而产生错误、遗忘、遗漏行为。

根据刺激—有机体—反应(SOR)理论,在线评论关注点可能影响管制员不安全行为的产生。该模型表示外部刺激引起个体心理状态变化,并通过一系列的心理反应过程来影响个体行为的产生。工资回报、雇佣关系、职业发展和飞行流量等外部刺激使管制员产生倦怠、不满、不安全感和工作压力等消极情感认知,进而影响管制员的行为。

根据以上风险因素对管制员不安全行为的影响分析,构建管制员不安全行为风险因素的作用图,如图3-7所示。管制员不安全行为风险的形成链条为:环境因素→组织管理→不安全监管→管制员不良状态→管制员不安全行为风险;环境因素→不安全监管→管制员不良状态→管制员不安全行为风险;环境因素→管制员不良状态→管制员不安全行为风险。其中,"环境因素"为起始变量,"管制员不安全行为风险"为末尾变量,"组织管理"和"不安全监管"作用于"管制员不良状态因素",同时受"环境因素"的影响,间接影响管制员不安全行为风险的产生,导致不安全事件发生。不安全事件促使采取组织管理和安全监管对策,因此形成了一个动态复杂的管制员不安全行为风险综合系统。

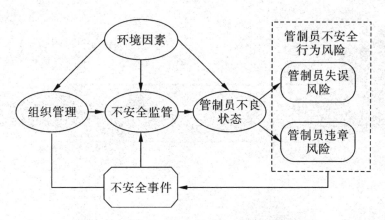

图 3-7　管制员不安全行为风险因素的作用图

第 4 章

民航管制员不安全行为风险监测预警

目前,监测飞行员不安全行为的一种有效手段为飞行品质监控,但针对管制员不安全行为的监测手段较为缺乏,设计管制员不安全行为风险监测预警指标体系有助于空管机构通过信息系统采集管制员不安全行为相关数据信息。此外,管制员主要靠脑力工作,其信息处理过程很难被监测。通过监测管制员不安全行为关键风险指标要素,有助于对不安全行为产生的可能性作出判断。基于此,本章根据管制员不安全行为风险因素识别结果,设计监测预警指标体系,采用专家权威度系数模型,从诸多指标要素中选取最具典型性的客观指标要素作为管制员不安全行为风险监测预警指标,综合采用多种方法确定指标阈值与警级,通过控制图对预警指标进行监测,当监测指标超限时进行实时预警。

4.1 监测预警指标体系的构建

4.1.1 监测预警指标体系构建的原则

根据国际标准化组织(International Standardization Organization,ISO)规定的风险管理的原则,预警指标体系的构建应遵循科学性、全面性、可操作性、适当性、动态性、敏感性等原则。

(1)科学性

客观、公正、有效是管制员不安全行为风险预警指标体系构建的科学性原则,也是最关键的原则。因此,指标内涵的确定、指标权重、预警等级和阈值等的划分均应体现科学性原则。在管制员不安全行为风险预警指标体系设计之前,应对风险因素进行科学的调研,对指标权重进行科学的计算,对指标进行科学评价,并反复验证,从而构建科学合理的管制员不安全行为风险监测预警指标体系。

（2）全面性

全面性是指管制员不安全行为风险监测预警指标体系要涵盖风险因素的方方面面,为全面的、系统的指标体系。在全面性原则下构建预警指标体系,应明确指标体系的整体目标,注意指标体系整体的内在联系,确保指标的整体有序性。因此,指标体系的构建既要反映不同层面、不同维度的管制员不安全行为风险的状态,又要避免各个指标之间出现交叉和重叠。

（3）可操作性

指标的定义明确、概念清楚,能够方便采集原始数据,即为可操作性原则。指标内容即不应过繁和过细,也不应过于庞杂和冗长。因此,设计指标时需要考虑是否可以获得真实可靠的原始数据,将指标的评价方法和结果的衡量标准与空管单位实际操作情况结合起来,从而使设计的指标体系切实可行。

（4）适当性

适当性原则是指管制员不安全行为风险预警指标体系不在于指标数量的多少,而在于指标的准确性和有效性。如果监测指标过多,则会使监测过程复杂化,不利于对风险对象进行监测。因此,应根据适当性原则确定指标的数量。在对管制员不安全行为风险实际监测的过程中,还应找出影响力较大的关键性风险指标,将监测的重点集中到少数关键预警指标上。

（5）动态性

动态性指管制员不安全行为系统是持续动态变化的系统,而不是静态不变的。构建预警指标的关键原则为能够反映系统动态运行并进行动态监测,从而根据发出的预警信号对不安全行为系统进行预警管理,对系统在未来一段时间内的变化趋势进行预测。

（6）敏感性

敏感性是指预警指标必须敏感地反映管制员不安全行为的严重性和未来发展趋势,对系统的波动及时、快速地作出反应,既不出现"虚警",也不出现"漏警",以便空管系统能够快速、准确地采取控制策略进行控制。

4.1.2　监测预警指标体系的构建流程

构建科学、全面、可操作、适当、动态、敏感的预警指标体系是预警管理的前提,是预警管理系统实现目标的关键,需要科学、规范、严密的构建流程。管制员不安全行为监测预警指标体系的构建流程包括管制员不安全行为风险因素分析、预警指标提取、有效性检验、预警指标体系建立、指标阈值和警级设置等环节,如图4-1所示。

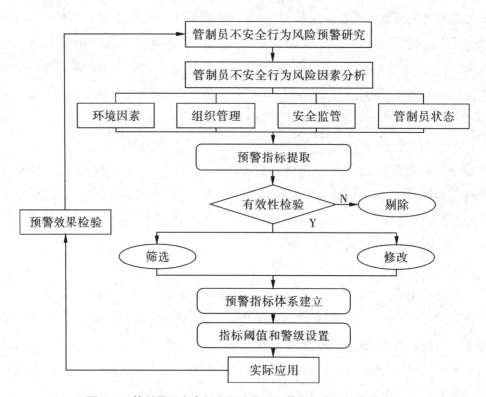

图4-1　管制员不安全行为风险监测预警指标体系的构建流程

（1）风险因素分析

管制员不安全行为监测预警指标提取的基础是安全科学理论、行为科学理论和引发管制员不安全行为风险的因素,是在提炼、归纳、整理、对比分析管制员不安全行为风险因素的基础上构建的。第三行从环境因素、组织管理、安全监管和管制员状态4个方面识别了管制员不安全行为风险因素,为预警指标提取奠定了较好的基础。

（2）预警指标提取

预警指标是从零散的、局部的风险因素中提炼出来的,能够从宏观的角度来体现管制员不安全行为风险的动态。因此,预警指标来源于风险因素,但高于风险因素。应根据科学、全面、可操作、适当、动态和敏感的原则,在风险因素识别的基础上,提取预警指标。

（3）有效性检验

通过有效性检验对提取的预警指标进行检验，验证指标的有效性。

（4）预警指标体系建立

在广泛征求一线管制员、管理人员和学术权威的基础上，剔除难以量化的和静态的指标，分解彼此之间有交叉和重叠的指标，适度综合反映同一问题、不同维度的指标，筛选起关键作用的指标，最终形成一套科学合理精练的预警指标体系。

（5）指标阈值和警级设置

指标阈值和警级是预警指标的判断准则，便于预警系统及时、准确地发出预警信号，规避管制员不安全行为风险，防止空管不安全事件的发生。指标阈值和警级的设置需要满足科学性、规范性、实用性和可操作性，既不产生"虚警"，又避免"误警"。然而，风险因素并不是一成不变的，而是随着系统整体状况变化而变化的。因此，还需将预警指标应用到实际工作中，检验预警效果，从而不断改进和完善预警指标。

4.1.3 监测预警指标体系的初步构建

在管制员不安全行为风险因素识别的基础上，根据科学、全面、可操作、适当、动态和敏感的原则，从降低风险发生的可能性和后果的严重性角度，建立管制员不安全行为风险监测预警指标体系，如表4-1所示。初步设计的监测预警指标体系包括目标层、准则层、要素层和指标层4个层面。其中，剔除了"班组安全氛围"和"职业发展清晰度"等难以量化的并且是静态性的指标。目标层是管制员不安全行为风险监测预警要达到的总目标，即明确管制员不安全行为风险等级，动态反映管制员不安全行为风险的正常或异常变化情况。准则层、要素层和指标层是管制员不安全行为风险形成原因细分，是分别根据第3章得出的管制员不安全行为风险因素概念模型中的风险因素大类、风险因素维度和风险因子，结合预警指标体系构建的原则进行设计的结果。

表 4-1　管制员不安全行为风险监测预警指标体系

目标层	准则层	要素层	指标层
管制员不安全行为风险	环境因素	物理环境	天气恶劣次数
			机场内场环境影响运行次数
			通航飞行次数
			相邻管制区限制次数
			相似航班号出现次数
			空军活动限制次数
			飞行流量大小
		技术环境	座椅不适程度
			重要通导监视设备故障次数
		机组因素	机组协同失效次数
	组织管理	资源管理	管制班组力量搭配不合理次数
			上岗管制员缺少数
		组织过程	班前/后讲评不充分的次数
			规章制度标准的完善程度
			夜班执勤时数超规章要求次数
		组织氛围	管制员缺编率
			管制津贴合理程度
	不安全监管	问题纠正	现场值班纠正违规次数
		运行计划	工作负荷度
		监管的充分性	定期质量安全监督检查执行程度
			安全教育培训不符合要求次数
		监管违规	监管者对安全管理的重视程度
	管制员不良状态	心理状态	安全意识和责任心欠缺性
			薪酬满意度
			工作压力感知度
			注意力分配不当次数
			职业成就感知度
		生理状态	疲劳程度
			身体状况不良次数
		业务能力	安全知识掌握程度
			工作技能具备程度
		团队配合	其他管制员未提供有效配合的次数

4.2　监测预警指标的筛选

4.2.1　专家权威度系数模型的建立

依据预警指标体系构建的适当性原则,除了剔除相关性较小的和难以获得数据的因素,还应确定关键监测预警指标。因此,本节将采用专家权威度系数模型筛选关键监测预警指标。

专家权威度系数是指专家在该领域的权威程度,其值的计算依据为专家的背景资料。它不仅能够用来筛选预警指标,而且对专家意见的分析更加客观。权威度系数越大表明专家的可信度和权威性越强,其意见越具有参考价值,已被用于筛选重要的社会稳定风险因素、确定对建筑工人安全最具影响力的风险因素。通过专家影响力和熟悉程度建立专家权威度系数模型。专家影响力包括所属单位、学历、职称和直觉系数。熟悉程度为工作年限。专家权威度系数模型的参数和赋值如表 4-2 所示。

表 4-2　专家权威度系数模型的参数和赋值

一级参数	二级参数	三级参数	参数赋值
专家权威度系数 Z	专家影响力 Z_1	所属单位 Z_{11}	依据专家所在单位与空中交通管制的直接关系赋值,空管单位、机场、高校为 0.1,航空公司为 0.05,其他为 0
		学历 Z_{12}	依据专家的学历来赋值,硕士及以上为 0.3,本科为 0.2,大专为 0.1,大专以下为 0
		职称 Z_{13}	根据专家的职称赋值,正高级/副高级为 0.5,中级为 0.4,初级为 0.3,未定级为 0
		直觉系数 Z_{14}	经常接触为 0.1,基本或大概了解为 0.05,从未为 0
	熟悉程度 Z_2	工作年限 Z_{21}	根据专家的工作年限赋值,20 年以上为 0.9,11~20 年为 0.7,4~10 年为 0.5,3 年以下为 0.3

根据表 4-2 中的专家权威度系数模型的参数和赋值,直接计算出项系数 Z_1 和 Z_2,即:

$$Z_1 = Z_{11} + Z_{12} + Z_{13} + Z_{14} \qquad (4-1)$$

$$Z_2 = Z_{21} \qquad (4-2)$$

一般认为专家权威度与预测精度具有一定的函数关系,预测精度随着专家权威度的提高而增加。专家权威度系数大于 0.7,表明专家的权威度得到认可,其认为的数值可以被采用。因此,在计算指标之前,首先应剔除专家权威度系数小于 0.7 的专家意见。最终的专家权威度系数计算公式为:

$$Z = (Z_1 + Z_2)/2 \qquad (4-3)$$

4.2.2　预警指标筛选模型的构建

(1)问卷筛选

基于专家权威度系数模型,计算每个专家的专家权威度系数,剔除专家权威度系数小于 0.7 的专家调查问卷,保留专家权威度系数大于等于 0.7 的专家调查问卷。

(2)指标筛选

根据 n 个专家的权威度系数,计算第 i 个专家的权重 W_i,进而计算每个指标的均值 M_j。

$$W_i = \frac{Z_i}{\sum_{i=1}^{n} Z_i} \qquad (4-4)$$

$$M_j = \sum_{i=1}^{n} W_i P_{ij} \qquad (4-5)$$

P_{ij} 为第 i 个专家对第 j 个指标给出的分数。M_j 越大,表明第 j 个指标越重要。

每个指标的变异系数为 V_j,表示该数据在权均值上的离散程度,即各个专家对同一指标 j 重要性的意见统一度。变异系数越小,专家意见越统一。

$$V_j = \frac{\delta_j}{M_j} \qquad (4-6)$$

其中,δ_j 为第 j 个指标的标准差。

当 $M_j < 3.5$ 时,则认为第 j 个指标重要性不足;当 $V_j > 0.25$ 时,则表明专家对第 j 个指标的意见不统一,应进一步分析或重新考虑这个指标。

4.2.3　专家问卷调查与统计分析

（1）问卷设计

根据初步设计的预警指标,设计管制员不安全行为风险专家调查问卷。问卷包括 3 个部分。第一部分为问卷指导语,说明了问卷调查的目的、内容、意义和答题的要求等。第二部分为管制员不安全行为风险因子的重要程度调查,邀请专家针对每个风险因子对管制员不安全行为的重要程度进行打分。采用 Likert 五级量表计分,1 表示"很不重要",2 表示"不太重要",3 表示"一般重要",4 表示"比较重要",5 表示"非常重要"。第三部分主要采集专家的基本信息,包括所属单位、学历、职称、直觉系数和工作年限。

（2）问卷发放

问卷设计后进行问卷发放。采用电子邮件的方式进行调研,通过问卷星、微信等渠道,向专家发送问卷链接,邀请专家填写。被调研的专家涵盖空管单位、机场、高校、航空公司等单位的人员,包含管理人员、高校老师等,其中管理人员具有丰富的一线空中交通管制经验,高校老师为目前正在从事或从事过空中交通管制相关研究的专家。

（3）问卷统计

通过有针对性地发放问卷,最终共收集 17 份问卷。剔除填写不完整、答案出现连续相同的十个及以上的问卷。根据公式（4-1）～（4-3）计算专家权威度系数,去除系数小于 0.7 的问卷。最终得到 15 份有效问卷。有效问卷中专家的基本情况如表 4-3 所示。由表 4-3 可知,与空中交通管制关联较大的空管单位、高校、机场的样本数据较多,其中空管单位最多;专家中学历较高者居多,均为大专以上学历,占比最高的为本科学历;专家中职称较高者居多,占比最高的为中级;大部分专家对空中交通管制有所接触和了解,从未了解空中交通管制行业的专家为 0;专家的工作年限均在 10 年以上,其中工作 11～20 年的专家居多。专家的基本情况统计结果表明收集到的样本数据具有较高的可靠性。

表4-3 专家的基本情况说明(N=15)

基本信息	基本信息分类	人数
所属单位	空管单位	7
	高校	5
	机场	2
	航空公司	1
	其他	0
学历	大专以下	0
	大专	2
	本科	8
	硕士及以上	5
职称	正高级/副高级	3
	中级	8
	初级	4
	未定级	0
直觉系数	经常接触	8
	基本了解	6
	大概了解	1
	从未	0
工作年限	3年以下	0
	4~10年	0
	11~20年	10
	20年以上	5

4.2.4 指标筛选模型参数的计算

根据专家权威度系数模型和指标筛选模型参数的计算和分析结果,剔除不符合要求的指标,得到关键的监测预警指标。采用 SPSS 21.0 分析有效问卷,通过 Cronbach's Alpha 系数来检验问卷数据的信度,即数据的可靠性。若 Cronbach's Alpha 系数大于 0.7,则说明问卷信度较好。专家调查问卷的 Cronbach's Alpha 系数为 0.866,高于较好的系数水平 0.7,因此问卷数据具有较好的信度。利用专家权威度系数,根据指标筛选模型中的公式(4-4)~(4-6),计算专家的权重 W_i、每个指标的均值 M_j、变异系数为 V_j,如

表 4-4 所示。若满足 $M_j < 3.5$ 和 $V_j > 0.25$，即为重要性不足和专家意见离散程度较高的指标，则需要剔除该指标。"天气恶劣次数"的 $V_j = 0.265 > 0.25$，"座椅不适程度"的 $M_j = 2.940 < 3.5$，$V_j = 0.262 > 0.25$，按理论应剔除这两个指标，最终筛选出 30 个指标。根据每个指标的均值 M_j 的大小，将指标按照降序排列，如表 4-4 所示。

表 4-4　监测预警指标参数计算结果排序

序号	准则层	指标层	M_j	δ_j	V_j
1	管制员不良状态	工作技能具备程度	4.663	0.471	0.101
2	不安全监管	工作负荷度	4.601	0.490	0.106
3	管制员不良状态	安全意识和责任心欠缺性	4.599	0.490	0.107
4	管制员不良状态	疲劳程度	4.485	0.718	0.160
5	管制员不良状态	注意力分配不当次数	4.410	0.490	0.111
6	环境因素	飞行流量大小	4.330	0.869	0.201
7	管制员不良状态	工作压力感知度	4.326	0.699	0.162
8	环境因素	通导监视设备故障次数	4.270	0.573	0.134
9	管制员不良状态	安全知识掌握程度	4.217	0.653	0.155
10	管制员不良状态	班组成员未提供有效配合的次数	4.212	0.542	0.129
11	环境因素	航班号相似次数	4.109	0.718	0.175
12	管制员不良状态	身体状况不良次数	4.101	0.680	0.166
13	组织管理	夜班执勤时数超规章要求次数	4.075	0.573	0.141
14	组织管理	上岗管制员缺少数	4.004	0.632	0.158
15	环境因素	机场内场环境影响运行次数	3.998	0.632	0.158
16	环境因素	机组协同失效次数	3.987	0.730	0.183
17	不安全监管	安全教育培训不符合要求次数	3.953	0.573	0.145
18	组织管理	班组力量搭配不合理次数	3.938	0.442	0.112
19	不安全监管	监管者对安全管理的重视程度	3.895	0.718	0.184
20	不安全监管	质量安全监督检查执行程度	3.891	0.618	0.159
21	组织管理	管制员缺编率	3.882	0.618	0.159
22	组织管理	班前/后讲评不充分的次数	3.815	0.542	0.142
23	组织管理	规章制度标准的完善程度	3.811	0.909	0.239
24	环境因素	相邻管制区限制程度	3.807	0.833	0.219
25	不安全监管	未纠正现场值班违规次数	3.770	0.854	0.226
26	管制员不良状态	薪酬满意度	3.758	0.680	0.181

续表 4-4

序号	准则层	指标层	M_j	δ_j	V_j
27	管制员不良状态	职业成就感知度	3.682	0.699	0.190
28	组织管理	管制津贴合理程度	3.680	0.869	0.236
29	环境因素	通航飞行限制次数	3.674	0.596	0.162
30	环境因素	空军活动限制次数	3.667	0.869	0.237

由表 4-4 可知,排在前十位的指标所在的准则层分别为"管制员不良状态""环境因素""不安全监管"。可见,排在前十位的指标多为管制员不良状态,这表明管制员状态因素非常重要,印证了风险因素识别得到的管制员不良状态对管制员不安全行为具有重要的直接作用。"环境因素"对工作任务有所影响,近年来航班量逐年上升,导致"工作负荷度"增加,进而容易使管制员犯错。"不安全监管"主要表现为"工作负荷度",其重要性仅次于"环境因素"。

排在前三位的指标所在的指标层分别为"工作技能具备程度""工作负荷度""安全意识和责任心欠缺性"。其中,"工作技能具备程度"的均值最大,说明对于管制员不安全行为的形成具有非常重要的作用。管制员具备很强的工作技能,则能够在执勤时间内发挥最好的水平,使航空器以合理的间隔运行,还能够采取有效的预防、控制和恢复措施,减少空管不安全事件的发生和损失。"工作负荷度"的重要性位其次,是指每日区调进近塔台指挥航空器数量。工作时间过长和高负荷均易导致管制员犯错,因为这种情况容易使人疲劳。"安全意识和责任心欠缺性"为第三个非常重要的指标。安全意识是对保证和维护航空器安全运行的义务的评价和倾向,为一种内在心理动力,有助于改善不安全行为。缺乏"安全意识和责任心欠缺性",即管制员对安全理念、法规、制度的重视程度不高,则会工作散漫、不认真履行岗位职责。

4.3　监测预警指标的测量与阈值警级

4.3.1　监测预警指标的测量

关键预警指标包括定性指标和定量指标,指标的含义与测量方式如表 4-5 所示。基于管制员不安全行为风险因素识别,结合空管单位现有的安全绩效指标管制质量运行管理等资料,明确指标的含义、计算公式与测量周期。以往对定性指标的测量通常采用的方式为专家测评,但存在较强的主观性。为增强定性指标的客观性,可用定量的方式来测量定性指标。例如,"安全意识和责任心欠缺性"是指管制员对安全理念、法规、制度的重视程度,表现为工作散漫、不认真履行岗位职责,因此可采用"工作散漫、不认真履行岗位职责次数"来进行测量。"工作压力感知度"是指管制员对工作原因造成的压力的感知度,经调研和文献研究发现,管制员的工作压力多源于管制津贴不合理和工作负荷大。因此,可对压力源进行归一化处理,进而得到工作压力感知度。在社交网络中,"薪酬满意度"在在线评论中得到较多反映,因此可用词频统计的方法统计管制员在在线评论中因薪酬不满而抱怨的次数,从而客观测量薪酬满意度。

表4-5　监测预警指标的含义与测量方式

准则层	要素层	指标层	指标含义	计算公式	测量周期
环境因素	物理环境	机场内场环境影响运行次数	机场内场环境(如跑道设置、不停航施工等)影响管制运行的次数	计数	周
		通航飞行限制次数	通航飞行影响管制运行的次数	计数	周
		相邻管制区限制次数	相邻管制区限制影响管制运行的次数	计数	周
		空军活动限制次数	空军活动限制影响管制运行的次数	计数	周
		航班号相似次数	同一区域某一时间段同一无线通话频率内数字、字母相似的不同航班号的次数	计数	日
		飞行流量大小	每日飞行流量对比统计	{本日区调总量(本场+飞越)+本场起降量}/昨日飞行流量	日
	技术环境	通导监视设备故障次数	一个月内通信导航监视设备发生故障的次数	计数	月
	机组因素	机组协同失效次数	机组不配合管制指令的次数	计数	周

续表 4-5

准则层	要素层	指标层	指标含义	计算公式	测量周期
组织管理	资源管理	班组力量搭配不合理次数	现场运行岗位值班人员力量搭配不合理次数	计数	季
		上岗管制员缺少数	上岗管制员短缺率	(应上岗管制员的人数—现有具备独立上岗资质的管制员人数)/应上岗管制员的人数	季
	组织过程	班前/后讲评不充分的次数	班前/后讲评不充分的次数	计数	季
		规章制度标准的完善程度	管制规章制度标准不完善影响管制运行的次数	计数	年
		夜班执勤时数超规章要求次数	一个月内连续夜间值班时间超规章要求次数	计数	月
	组织氛围	管制员缺编率	非正式编制人员比率	非正式编制管制员人数/管制员总人数	季
		管制津贴合理程度	管制津贴小时标准	管制津贴小时标准	年
监管因素	问题纠正	未纠正现场值班违规次数	未及时制止现场不良工作秩序次数	计数	季
	运行计划	工作负荷度	工作负荷增加量	每日增加的架次/规定允许保障最大架次	日
	监管的充分性	质量安全监督检查执行程度	质量安全监督检查(含法定自查)与年度计划不一致次数	计数	月
		安全教育培训不符合要求次数	安全教育培训不符合要求次数	计数	月
	监管违规	监管者对安全管理的重视程度	质量安全检查计划(含法定自查)完成率	质量安全检查完成次数/质量安全检查计划次数	月

续表 4-5

准则层	要素层	指标层	指标含义	计算公式	测量周期
管制员状态因素	心理状态	安全意识和责任心欠缺性	管制员对安全理念、法规、制度的重视程度	工作散漫、不认真履行岗位职责次数	季
		薪酬满意度	因薪酬不满而抱怨的次数	词频统计	月
		工作压力感知度	管制员对工作原因造成的压力的感知度	归一化(管制津贴合理程度+工作负荷度)	月
		注意力分配不当次数	管制员在指挥时未注意其他航班的次数	管制员未目视观察场外或未观察场监系统导致飞行冲突未发现次数	月
		职业成就感知度	因没有职业成就感而抱怨的次数	词频统计	月
	生理状态	疲劳程度	一个月内值班时间超规章要求次数	计数	月
		身体状况不良次数	一个月内在岗管制员因身体不适而请假的次数	病假记录统计	月
	业务能力	安全知识掌握程度	对规章制度标准程序的掌握程度	安全业务理论考核成绩低于90分的次数	季
		工作技能具备程度	对设备操作、特情处置等实际操作的管制技能的具备程度	技能考核或资质排查出现成绩低于90分的次数	季
	团队配合	其他管制员未提供有效配合的次数	管制副班或监控席或协调席未能有效监听管制指令或及时提醒的次数	计数	季

通过设定以上测量方法,所有的预警指标能够以数量化的形式进行描述和测量,从而便于对预警指标进行监测。由于不同空管机构的实际运行状况存在较大差异,管制员不安全行为风险表现出随机性和多样性的特点,各空管机构应结合自身情况,根据实际工作需要,适当调整和局部改进指标测量方法。

4.3.2　监测预警指标的阈值

阈值是预警指标的告警信号判断与输出的重要依据,影响着告警信号发布的准确性。当风险状态程度超过设定的阈值时,预警系统会发出不同等级的告警信号。阈值是一种预警准则,决定着在不同情况下是否发出告警信号和发出何种程度的告警信号。对阈值的设置要把握好尺度,若设置过松,则会导致未对危险的情况发出警报,造成漏警;若设置过严,则会导致误警。因此,需要认真分析与选择阈值,通过结合指标的性质、类型等特点,根据历史资料、专家经验等进行设置,以降低漏警率和误警率,从而提高告警信号发出的准确性。

阈值的确定方法有历史数据法、经验总结法、专家评定法和调查法等。本书根据指标含义及测量方式,采用定性与定量相结合的方式确定指标阈值。管制员不安全行为风险监测预警指标分为定性指标和定量指标。部分指标的阈值在民航某些文件中可以找到,一些指标的阈值可以采用历史数据设定,一些定性指标需要结合专家的意见进行设置。因此,本书确定阈值的依据主要包括以下3种。

(1)空管文件标准确定阈值

对于有统一标准的指标,从空管文件标准和相关文献中查找,借鉴已有的行业标准来设置报警阈值。例如,"通导监视设备故障次数"比较重要的环境指标和"工作负荷度"不安全监管指标等。

(2)管制运行历史数据确定阈值

在管制运行历史数据中部分指标已有相应数据,可根据管制运行历史数据确定阈值。例如,"机场内场环境影响运行次数"等环境指标、"班组力量搭配不合理次数"等组织因素指标和"未纠正现场值班违规次数"等不安全监管指标。对于有历史数据的指标,一般采用波动原则确定指标阈值,波动原则法的具体步骤为:

确定第 j 个指标的实际值为 x_j,在观察期内的历史最大值 $x_{j\max}$,历史最小值 $x_{j\min}$;将指标阈值分为四段,指标阈值分段公式如公式(4-7)、公式(4-8)所示,设预警定位分别为 $x_{j\min}$,λ_{j1},λ_{j2},$x_{j\max}$,计算公式为:

$$\lambda_{j1} = \left| x_{j\max} - x_{j\min} \right| * 0.25 \tag{4-7}$$

$$\lambda_{j2} = \left| x_{j\max} - x_{j\min} \right| * 0.75 \tag{4-8}$$

当 $0 \leqslant x_j < \lambda_{j1}$ 时,表示指标的警级为"无警"。当 $\lambda_{j1} \leqslant x_j < \lambda_{j2}$ 时,表示指标的警级为"轻警"。当 $\lambda_{j2} \leqslant x_j < x_{j\max}$ 时,表示指标的警级为"中警"。当 $x_j \geqslant x_{j\max}$ 时,表示指标的警级为"重警"。

(3)专家报告或意见确定阈值

选择空管某单位十位以上相关领域并且经验丰富的专家组成专家小组,将需要确定阈值的指标发给每位专家,然后将打分结果交换发给每位专家,请专家根据其他人的意见修改自己设置的阈值,重复以上步骤,直到结果统一。最后将差别较小的十个结果进行平均化处理,从而得到指标阈值。

综合以上方法,本书确定阈值的总体思路为通过空管文件标准、管制运行历史数据和专家报告或意见,确定预警指标的阈值,如表 4-6 所示。一方面从空管文件标准和相关文献中寻找指标,借鉴报警阈值,另一方面对于无统一标准的指标,采用管制运行历史数据,征求专家的意见,采集专家数据,对专家数据进行分析和处理,综合所有结果得到所有监测预警指标阈值。

表 4-6　管制员不安全行为风险监测预警指标体系指标层阈值

要素层	指标层	指标含义	计算公式	预警周期	无警	轻警	中警	重警
物理环境	机场内场环境影响运行次数	机场内场环境(如跑道设置、不停航施工等)影响管制运行的次数	计数	周	<2	[2,5)	[5,7)	≥7
	通航飞行限制次数	通航飞行影响管制运行的次数	计数	周	<2	[2,7)	[7,9)	≥9
	相邻管制区限制次数	相邻管制区限制影响管制运行的次数	计数	周	<2	[2,6)	[6,8)	≥8
	空军活动限制次数	空军活动限制影响管制运行的次数	计数	周	<3	3~4	5~6	>6
	航班号相似次数	同一区域某一时间段同一无线通话频率内数字、字母相似的不同航班号的次数	计数	日	<1	[1,4)	[4,5)	≥5
	飞行流量大小	每日飞行流量对比统计	{本日区调总量(本场+飞越)+本场起降量}/昨日飞行流量	日	<1	1~1.5	1.6~1.7	>1.7
技术环境	通导监视设备故障次数	一个月内通信导航监视设备发生故障的次数	计数	月	≤1	2~3	4	≥5

续表4-6

要素层	指标层	指标含义	计算公式	预警周期	无警	轻警	中警	重警
机组因素	机组协同失效次数	机组不配合管制指令的次数	计数	周	<1	[1,4)	[4,5)	≥5
资源管理	班组力量搭配不合理次数	现场运行岗位值班人员力量搭配不合理次数	计数	季	<3	[3,9)	[9,12)	≥12
	上岗管制员缺少数	上岗管制员短缺率	（应上岗管制员的人数-现有具备独立上岗资质的管制员人数）/应上岗管制员的人数	季	<0.08	[0.08,0.23)	[0.23,0.3)	≥0.3
组织过程	班前/后讲评不充分的次数	班前/后讲评不充分的次数	计数	季	<9	[9,27)	[27,36)	≥36
	规章制度标准的完善程度	管制规章制度标准不完善影响管制运行的次数	计数	年	<2	[2,5)	[5,7)	≥7
	夜班执勤时数超规章要求次数	一个月内连续夜间值班时间超规章要求次数	计数	月	≤1	2~3	4	≥5
组织氛围	管制员缺编率	非正式编制人员率	非正式编制管制员人数/管制员总人数	季	<6.41%	[6.41%,19.23%)	[19.23%,25.64%)	≥25.64%
	管制津贴合理程度	管制津贴小时标准	管制津贴小时标准	年	[73,91)	[38,73)	[20,38)	[0,20)
问题纠正	未纠正现场值班违规次数	未及时制止现场不良工作秩序次数	计数	季	<15	[15,45)	(45,60]	≥60

续表 4-6

要素层	指标层	指标含义	计算公式	预警周期	无警	轻警	中警	重警
运行计划	工作负荷度	工作负荷增加量	每日增加的架次/规定允许保障最大架次	日	[0, 20%]	(20%, 40%]	(40%, 60%]	(60%, 100%]
监管的充分性	质量安全监督检查执行程度	质量安全监督检查(含法定自查)与年度计划不一致次数	计数	月	0	[1,2)	[2,3)	≥3
	安全教育培训不符合要求次数	安全教育培训不符合要求次数	计数	月	<3	[3,5)	[5,6)	≥6
监管违规	监管者对安全管理的重视程度	质量安全检查计划(含法定自查)完成率	质量安全检查完成次数/质量安全检查计划次数	月	≥83.75%	[61.25%, 83.75%)	[50%, 61.25%)	<50%
心理状态	安全意识和责任心欠缺性	管制员对安全理念、法规、制度的重视程度	工作散漫、不认真履行岗位职责次数	季	<3	[3,8)	[8,10)	≥10
	薪酬满意度	因薪酬不满而抱怨的次数	词频统计	月	<1	[1,4)	[4,5)	≥5
	工作压力感知度	管制员对工作原因造成的压力的感知度	归一化(管制津贴合理程度+工作负荷度)	月	<0.2	[0.2, 0.6)	[0.6, 0.8)	≥0.8
	注意力分配不当次数	管制员在指挥时未注意到其他航班的次数	管制员未目视观察场外或未观察场监系统导致飞行冲突未发现次数	月	0	1~2	3	≥4
	职业成就感知度	因没有职业成就感而抱怨的次数	词频统计	月	<1	[1,4)	[4,5)	≥5

续表 4-6

要素层	指标层	指标含义	计算公式	预警周期	无警	轻警	中警	重警
生理状态	疲劳程度	一个月内值班时间超规章要求次数	计数	月	<2	[2,3)	[3,4)	≥4
	身体状况不良次数	一个月内在岗管制员因身体不适而请假的次数	病假统计	月	<1	[1,4)	[4,5)	≥5
业务能力	安全知识掌握程度	对规章制度标准程序的掌握程度	安全业务理论考核成绩低于90分的次数	季	<3	[3,9)	[9,12)	≥12
	工作技能具备程度	对设备操作、特情处置等实际操作的管制技能的具备程度	技能考核或资质排查出现成绩低于90分的次数	季	<2	[2,5)	[5,6)	≥6
团队配合	其他管制员未提供有效配合的次数	管制副班或监控席或协调席未能有效监听管制指令或及时提醒的次数	计数	季	<6	[6,18)	[18,24)	≥24

4.3.3 监测预警指标的警级

警级的划分是便于监测指标警兆出现时根据事态的发展趋势及时采取预防措施,减少风险对系统安全的影响。预警指标的警级可分为无警、轻警、中警和重警 4 个等级,对应 4 个级别。Ⅳ级为无警,处于安全状态,处理措施为常规监测;Ⅲ级为轻警,需要采取一般措施处理隐患并常规监测;Ⅱ级为中警,需要加大力度干预,同时密切关注,动态追踪重点监测,防止警情恶化;Ⅰ级为重警,是最高级别的警级,需要及时迅速采取相关措施进行干预,避免警情失控。一般采用类似交通信号灯的灯号显示法来直观显示警情,即绿色、黄色、橙色和红色 4 种标识,分别对应从低到高的 4 个风险预警等级。管制员不安全行为风险监测预警指标的警级及说明,如表 4-7 所示。

　　基于预警指标的计算方式、阈值和警级,收集监测数据,可对管制员不安全行为进行
有效的预警管理,防止管制原因导致的不安全事件的发生。根据预警指标的预警周期、
含义与测量方式,收集和统计监测指标要素数据。通过空管单位业务运行质量管理、空
管单位相关部门日常安全监督和安全绩效管理记录等途径收集数据,集中挑选出"机场
内场环境影响运行次数"等预警指标数据,同时根据监测预警指标的计算方法,得出部分
预警指标数据。另一方面,通过内部交流群或社交媒体网站上的在线评论,收集"薪酬满
意度"等指标数据。

表 4-7　管制员不安全行为风险监测预警指标的警级及说明

预警级别	预警等级	预警信号的颜色	说明
IV 级	无警	绿色	预警指标动态波动幅度在可控范围内;管制员不安全行为的产生受控
III 级	轻警	黄色	预警指标动态波动幅度较小;存在产生管制员不安全行为的隐患,基本受控
II 级	中警	橙色	预警指标动态波动幅度较大;容易引起管制员不安全行为,存在失控隐患
I 级	重警	红色	预警指标动态波动幅度很大;很可能导致管制员产生不安全行为,存在失控隐患

4.4　监测预警方法的选择与示例应用

4.4.1　监测预警方法的选择

　　采用统计分析的方法可对异常监测数据进行预警,均值、残差、控制图等为常见的统
计分析方法。其中,控制图中的控制界限用来分析数据波动的原因,即是偶然性波动还
是有规律的波动,进而判断监测对象是否处于受控范围内,已被广泛用于工业领域监测
生产过程质量问题、监控港口配煤比例的过程失控和均值偏移情况、监测预警油气储运
设施中的储罐问题,还被用于监控零售、银行和金融等的服务过程。由于新兴技术的数
量越来越多,控制图的重要性将在未来进一步增加,同时由于不同领域的持续监控,大数
据来源为控制图提供了新的渠道。控制图能够根据正常状态下预警指标的特性,确定指

标数据的均值和控制限(即阈值),在同一幅图中绘制未知数据,当数据落在控制限度外则发出预警信号。需要注意的是,控制对象应能够定量,需要具有统计规律,才能够应用控制图进行监测预警控制。在本章前面的研究中,已确定了控制对象即监测预警指标的测量方式。在大数据背景下,对管制员不安全行为风险监测预警而言,控制图是一种有效的手段。

　　监测控制图如图4-2所示,*UCL*、*CL*、*LCL* 分别为上控限、中心线和下控限,横轴为连续的监测数据样本容量,纵轴为监测值。通过将采集到的一段连续时期预警指标数据作为样本,囊括所有风险水平的数据,涵盖预警指标所有可能发生的情况,包括正常数据、异常数据和极端情况下的数据。其中,异常数据的特点是有规律地上升或下降趋势,在控制线即阈值附近或超出界限波动。应用控制图对监测样本持续监控,以便当异常情况出现苗头,甚至在造成不安全行为之前就能够及时被发现,从而提前采取措施消除异常因素,起到预防的作用。值得注意的是,管制员不安全行为风险监测预警指标阈值并不是等分的。因此,借鉴监测预警控制图的思路,将3个控制线设置为3个预警临界值。

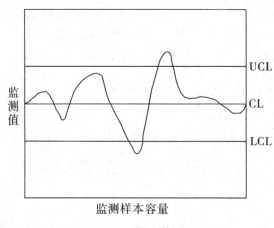

图4-2　监测控制图

4.4.2　基于控制图的示例应用

　　根据监测预警指标测量周期不同,可将预警指标分为两种:可直接进行实时监测预警的指标、记录周期较长的指标或相对稳定的指标。由于这两种指标的测量周期不同,监测预警方式也并不同。

　　(1)实时监测预警的指标

　　针对实时监测预警指标,可采用控制图,结合异常数据的判断标准,分析管制员不安全行为风险是否处于失控状态。结合控制图的异常数据判断标准和相关研究成果,定义了以下管制员不安全行为风险失控状态判断模式,其中 l_1、l_2、l_3 为控制线,分别对应监测控制图中的 LCL、CL、UCL,其值为从低到高的 3 个预警临界值。通过实地调研,结合空管专家意见,得出以下判断模式。

模式 1:1 个监测数据位于 l_3 之上,则为橙色报警;连续 3 个监测数据落在 l_3 之上,则为红色报警。

模式 2:连续 3 个监测数据递增,则橙色报警;连续 6 个监测数据递增,则红色报警。

模式 3:连续 2 个监测数据中有 1 个监测数据落在 l_3 之下、l_2 线之上,则橙色报警;连续 6 个监测数据中有 3 个监测数据落在 l_3 之下、l_2 线之上,则红色报警。

模式 4:连续 3 个监测数据中有 2 个监测数据落在 l_2 之下、l_1 线之上,则黄色报警;连续 9 个监测数据中有 6 个监测数据落在 l_2 之下、l_1 线之上,则橙色报警。

模式 5:连续 5 个相邻监测数据在 l_1 线上下交替,则黄色报警;连续 15 个相邻监测数据在 l_1 线上下交替,则橙色报警。

利用控制图对监测对象的稳定状态或控制状态的判断标准为将监测预警指标数据与阈值进行对比,判断是否存在异常或超限,当监测指标超限时进行实时预警。实时监测预警的指标为测量周期每日一次、每周一次、每月一次和每季一次,每日一次测量的指标如飞行流量大小。少数空管单位建立了流量管理系统,能够实时显示流量的动态变化。根据实时监测数据,判断预警指标的状态所在的阈值范围,一旦预警指标超出警戒值,即进入轻警阈值、中警阈值、重警阈值范围,则立即发出相应的预警信号和警级,采取警级对应的控制策略,降低管制员不安全行为发生的概率,避免管制员不安全行为造成损失。

根据专家问卷调查结果,"工作技能具备程度"对于管制员不安全行为的形成具有非常重要的作用,因此以该指标为例对管制员不安全行为风险进行监测预警。例如,持续每季对"工作技能具备程度"指标进行监测,如图 4-3 所示。由图可以看出,前 3 个监测数据中有 2 个监测数据落在 l_2 之下、l_1 线之上,根据管制员不安全行为风险失控状态判断模式,应为黄色轻警。也就是说,在连续 3 个季度中,技能考核或资质排查出现成绩低于 90 分的次数在 2~4 次出现 2 次,则发出黄色预警信号,预警指标动态波动幅度较小,存在产生管制员不安全行为的隐患,基本受控,需要采取一般措施处理隐患并常规监测。

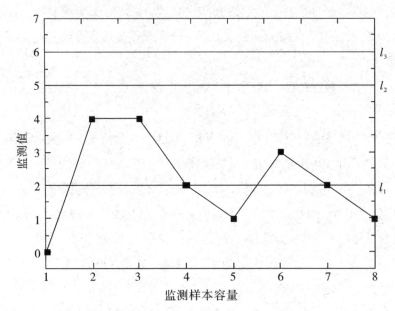

图4-3　"工作技能具备程度"指标监测控制图

（2）记录周期较长的指标

记录周期较长的指标是指测量周期在每年一次及以上的指标,如规章制度标准的完善程度和管制津贴合理程度。通过分析每年采集的监测数据,结合指标阈值,判断预警指标的警情,当预警指标值超出无警阈值范围时,发出预警信号,采取相关控制措施。例如,在一年内管制协议、移交协议或疲劳管理制度等管制规章制度标准不完善影响管制运行的次数超出2时,应根据规章制度标准的具体内容,及时修正完善塔、进的管制协议、移交协议或健全疲劳管理制度,从而改善风险因素,防止下一年度因同一风险因素造成管制员不安全行为产生。

根据监测预警指标体系构建的原则和流程,预警指标应具有动态性,即反映系统动态运行并进行动态监测,同时在实际应用过程中检验预警效果。因此,在监测预警的同时,还应检验预警效果,采用监测数据对预警指标进行改进和完善。如果关键监测预警指标是长期稳定的,并且为无警状态,则将该指标调整为一般预警指标。相反如果一般预警指标常常超出无警阈值,则应调整为关键监测预警指标。对修正后得到的关键监测预警指标进行重点监测,从而实时预警管制员不安全行为风险。

然而,由于空管系统本身的复杂性,任何方法都不可能完全制止不安全行为的发生,均会存在少量的漏警和误警现象。此外,空管分局、支线机场每个单位的具体情况不同,阈值也并不相同。因此,需要不断地优化预警指标体系,根据每个单位的情况设置阈值,确保监测数据信息的有效性和完整性,才能降低管制员不安全行为产生的可能性,进而减少管制原因导致的不安全事件,保障航班安全运行。

第 5 章

民航管制员不安全行为风险预测预警

科学判断管制员不安全行为的未来发展趋势或状态能够给正确的预警提供参考依据,对不安全事件预防具有重要作用。因此,本书在以往预测预警研究的基础上,选择了关联分析和非线性建模的方法,对管制员不安全行为风险进行了科学的预测预警。根据管制员不安全行为关键预警指标要素,将空管不安全事件相关的原始数据信息作为数据样本,通过关联规则挖掘模型得出后项为不同不安全行为的强关联规则和置信度,将强关联指标作为输入,采用随机森林模型预测不安全行为风险,将不安全行为作为输出层,对比预测结果与实际数据,检验预测结果的有效性,当不安全行为风险超过阈值时发出预警信息。

5.1 预测预警方法的选择

5.1.1 常见预测预警方法

利用现有数据信息,以客观事物变化规律和发展趋势为依据,科学推断与判断特定事物的未来发展趋势或状态,即为预测。简言之,预测就是根据过去和现在估计未来。预测预警为在灾害发生之前,基于以往总结的经验或观测到的可能性前兆,对特定事物的发展趋势进行判断,向相关部门发出相应信号,反映危险情况,使相关部门知情并准备充足,从而避免因准备不足而发生灾害,最大程度地消除灾害导致的损失。预测预警方法包括 BP 神经网络、灰色预测模型、马尔科夫预测模型等。其中的一些方法已应用于预测不安全行为,例如神经网络已被用于预测建筑工人不安全行为、管制员工作差错风险状态、操作人员不安全行为,马尔科夫模型已被用于预测驾驶员的驾驶行为。可见,神经网络在不安全行为预测领域的应用较多。对上述预测预警方法进行分析比较,得到各方法的优点、缺点和适用范围,如表 5-1 所示。

　　预测预警方法的优缺点不同,适用范围也不同。这些方法是通过复杂的运算进行数值匹配,预测的精确性是侧重点,而且使用的是小样本数据。然而,在大数据时代,预测的基础是相关关系分析法,大数据预测的核心是相关性或关联性。更准确、更快,偏见不易影响,是大数据的相关关系分析法的特点。相关关系通过找出并监控一个现象的良好的关联物,能够捕捉现在和预测未来。因此,分析不安全行为与风险因素之间的关联,为大数据背景下发展的必然趋势。

表 5-1　预测预警方法的优点、缺点和适用范围

代表性方法	优点	缺点	适用范围
BP 神经网络、人工神经网络	能够并行计算,有较强的容错能力,具备自适应学习功能,能够在输入和输出之间建立起任意非线性映射关系	忽略了特定事物时间序列本身存在的线性关系,预测结果稳定性较差	模拟非线性问题,处理许多因素和条件的、模糊的信息
灰色预测模型	能反映特定事物时间序列变化的总体趋势和发展规律,对数据量和信息量要求不高	未能结合多因素特点进行预测	研究数据量不足、信息量不全面的不确定性问题
马尔科夫链预测模型	处理随机时间序列变化程度大的数据,确定状态的转移规律	状态转移概率矩阵为静态	研究随机波动性较大的预测问题
随机森林	对数据集的要求较低,运行稳健,不具有过拟合和共线性的问题	对分类树的分类效能要求较高	非线性建模,适合处理各种问题

5.1.2　关联规则挖掘方法

　　在大数据背景下,采用数据挖掘方法分析历史数据,挖掘不安全行为与预警指标要素的关联规则,对不安全行为的预测具有重要意义。关联规则挖掘(Association Rule Mining,ARM)是数据挖掘领域应用广泛的技术之一,通过算法对数据进行分析,能够挖掘出数据之间的相互联系。1993 年,Agrawal 等首先提出这一概念,并通过从零售商获取的销售数据检验了算法的有效性。为了描述和分析数据中未知的关系,关联规则已被用于分析风险源与地铁施工灾害关键警兆指标之间的关联关系、挖掘地铁工程中安全风险

监测类型与风险耦合之间的关联规律、不同异常情况之间的频繁项集和关联规则、预测电力变压器故障发展的情况。对于样本数据是否服从正态分布、满足相关性检验及是否连续等,关联规则均没有要求,因此其适用性更强。然而,仅采用关联规则,不能构建可读的、可验证的预测模型。

5.1.3 随机森林算法方法

随机森林(Random Forest, RF)算法通过 Bootstrap 抽样方法,有放回地从原始训练样本集中随机抽取一些样本,因此具有差异的新的训练样本集形成,再将这些训练样本集构建决策树。传统的资料分析法难以避免自变量间的相互作用,而随机森林法为新兴的机器学习算法的一种,对数据集的要求较低,运行稳健,不具有过拟合和共线性的问题。与神经网络相比,随机森林算法的优点为计算量低,预测精度较高,对多元共线性不敏感,能够稳健处理缺失数据及非平衡数据,对于上千个解释变量数据集处理地很好。随机森林算法已在员工离职倾向预测、公路-铁路平面交叉口事故预测、航空器进近飞行时间预测等领域得到广泛的研究和应用,但针对不安全行为预测方面的相关研究较为缺乏。

综合以上分析,通过收集可供挖掘的管制原因导致的不安全事件数据,利用关联规则挖掘的方法挖掘数据的特点和规律,得到不安全行为与预警指标要素之间的频繁项集,分析他们之间的关联性,得出条件概率和强关联规则。根据空管实际运行过程,判断关联规则的有效性,解释与评价有意义的关联规则。基于强关联规则,采用随机森林模型预测管制员不安全行为风险,当不安全行为风险超过阈值时发出预警信息。

5.2 预测预警关联规则挖掘

5.2.1 关联规则的基本概念

关联规则是一种数据挖掘技术,属于机器学习中的无监督学习算法,主要通过置信度、支持度来反映数据之间的关联性。关联规则用来寻找同一事件中不同项之间的相关性,即挖掘事件中频繁出现的项或属性的子集,以及它们之间的相互关联性。关联规则挖掘的代表性算法是 Apriori 算法,采用的思想是两阶段挖掘,通过多次扫描事务数据库来挖掘频繁项集。

设数据项的集合为 $I = \{i_1, i_2, i_3, \cdots, i_m\}$,事务数据库为 $D = \{U_1, U_2, U_3, \cdots, U_m\}$,其中,$U \subseteq I$。关联规则的逻辑蕴含式是 $X \rightarrow Y$,其中 X 为 I 中一个项的集合,并满足 $X \subset I$,$Y \subset I$,$X \cap Y = \varphi$。

置信度为 D 中含有 X 和 Y 的事务与所有包含 X 的事务的比值,其大小表示关联规则的准确性。置信度的本质是条件概率,表示事务 X 发生的情况下,事务 Y 也发生的概率。

$$Confidence(X \rightarrow Y) = p(Y/X) = \frac{Sup\_count(X \cup Y)}{Sup\_count(X)} \qquad (5-1)$$

事务数据库 D 中同时包含 X 的事务和 Y 的事务比所有事务 D,其值为支持度,其大小衡量着关联规则的强弱。支持度表示事务 X 和事务 Y 同时出现的概率。

$$Support(X \rightarrow Y) = p(X \cup Y) = \frac{Sup\_count(X \cup Y)}{Sup\_count(D)} \qquad (5-2)$$

根据置信度、支持度得出频繁项集。若项集 X 的支持度大于设定的最小支持度,则 X 为频繁项集。

产生的关联规则形式为 {预警指标要素集} $\rightarrow$ {T_i},T_i 表示不安全行为,包括失误和违章,预警指标要素集为可能造成不安全行为的因素。规则表示如果某个或多个预警指标要素发生,则不安全行为有 $p(Y / X)$ 的可能性发生,且这种情况出现的概率为 $p(X \cup Y)$。

强关联规则即为满足预先设定的最小置信度阈值(min_conf)和最小支持度阈值(min_sup)的关联规则。换言之,强关联规则的 Confidence($X \rightarrow Y$) $\geq$ min_conf,且 Support($X \rightarrow Y$) $\geq$ min_sup,而弱关联规则正好相反。需要在满足最小支持度的频繁项集中寻找关联规则,若关联规则的置信度 $\geq$ min_conf,则为强关联规则。管制员不安全行为风险预测预警关联规则挖掘的流程包括数据准备、数据预处理、频繁项集的产生、预测关联规则的产生、理论和实践验证这 5 个步骤,如图 5-1 所示。

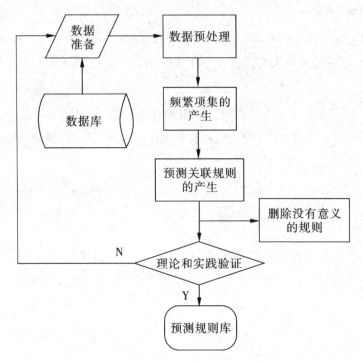

图 5-1　管制员不安全行为风险预测预警关联规则挖掘的流程

5.2.2　关联规则挖掘的过程

（1）数据预处理

通过收集国内外空管不安全事件相关的原始数据信息,包括不安全事件风险通告、不正常事件通报和不安全事件调查报告等资料,共 59 份,形成数据样本库。不安全事件数据为非结构化数据,包含大量的信息,存在数据噪音、数据一致性差等问题。这些问题可能会影响挖掘结果,需要对原始信息进行预处理。预处理的过程包括数据清洗、数据集成、数据转换等步骤,为关联规则挖掘奠定基础。本章利用所构建的管制员不安全行为风险监测预警指标要素对事件数据进行分类分析,按属性进行归类整理,以保证数据的有效性和规范性,如表 5-2 所示。

表5-2 管制员不安全行为风险监测预警指标要素及其符号

预警指标要素	物理环境	技术环境	机组因素	资源管理	组织过程	组织氛围	监管的充分性	监管违规	问题纠正	运行计划	业务能力	生理状态	心理状态	团队配合	管制员失误	管制员违章
符号	$A1$	$A2$	$A3$	$B1$	$B2$	$B3$	$C1$	$C2$	$C3$	$C4$	$D1$	$D2$	$D3$	$D4$	$T1$	$T2$

表中 Ai 表示环境因素，Bi 表示组织管理因素，Ci 表示不安全监管因素，Di 表示管制员不良状态因素，Ti 表示管制员不安全行为。

将整理后的数据导入 SPSS Clementine 12.0 软件，构建可视化的关联规则挖掘模型，如图5-2所示。图中，Table 表示数据集表格，Type 表示指标要素类型。

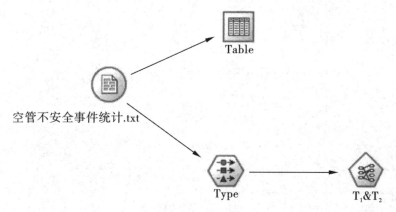

空管不安全事件统计.txt

Table

Type

$T_1 \& T_2$

图5-2 关联规则挖掘模型

(2)预测关联规则的产生

通过关联规则挖掘模型得到关联规则集，这是运用关联规则挖掘的关键。利用 Apriori 算法找到所有频繁项集后，基于频繁项集挖掘关联规则，删去置信度和支持度小于 min_conf 和 min_sup 阈值的关联规则，保留大于 min_conf 和 min_sup 阈值的关联规则。采用 Apriori 算法挖掘得到的后项为失误($T1$)和违章($T2$)的关联规则是本节分析的重点。因此，设置前项集合为 $F = \{A1, A2, A3, B1, B2, B3, C1, C2, C3, C4, D1, D2, D3, D4\}$，后项集合为 $R = \{T1, T2\}$。将最小支持度设为 3%，将最小置信度设为 15%，进行关联规则分析，挖掘得到53条关联规则挖掘结果。从挖掘出的关联规则中剔除不符合实际情况的规则。无效的关联规则会直接影响分析结果的准确性，因此应剔除。例如，在三维关联规则分析中，若二维关联规则 $\{B2, D1\} \rightarrow T1$ 的置信度为 66.667，三维关联规则 $\{B2, B3, D1\} \rightarrow T1$ 的置信度同样为 66.667，则该三维关联规则无效，应予以删除。筛选后得到 42 条有效的关联规则，包括 37 条后项为 $T1$(失误)的关联规则和 5 条后项为 $T2$(违章)

的关联规则,如表5-3所示。

可见,在关联规则中前项出现次数从高到低依次为组织氛围($B3$,15)、运行计划($C4$,14)、组织过程($B2$,13)、业务能力($D1$,13)、监管的充分性($C1$,10)、团队配合($D4$,7)、监管违规($C2$,6)、心理状态($D3$,4)、技术环境($A2$,3)、资源管理($B1$,1)、问题纠正($C3$,1)、物理环境($A1$,0)、机组因素($A3$,0)、生理状态($D2$,0)。其中,$C1$、$C3$、$C4$、$D1$、$D3$与管制员失误的关联性最强,$C1$、$D4$与管制员违章的关联性最强。

表5-3 关联规则集

编号	不安全行为(后项)	预警指标要素组合(前项)	支持度/%	置信度/%
1	$T1$	$C3$	3.333	100
2	$T1$	$C4$,$D3$	5	100
3	$T1$	$C1$,$D1$	3.333	100
4	$T1$	$C1$,$C4$	3.333	100
5	$T1$	$C4$,$D1$	5	66.667
6	$T1$	$B2$,$D1$	5	66.667
7	$T1$	$D3$	8.333	60
8	$T1$	$D1$	8.333	60
9	$T1$	$B1$	3.333	50
10	$T1$	$A2$,$D1$	3.333	50
11	$T1$	$A2$,$C4$	3.333	50
12	$T1$	$C1$,$D3$	3.333	50
13	$T1$	$B3$,$D3$	3.333	50
14	$T1$	$B3$,$D1$	6.667	50
15	$T1$	$B3$,$C4$,$D1$	3.333	50
16	$T1$	$B2$,$C4$,$D1$	3.333	50
17	$T1$	$B2$,$D1$,$D4$	3.333	50
18	$T1$	$B3$,$C2$,$C4$	6.667	50
19	$T1$	$B2$,$B3$,$C4$,$D1$	3.333	50
20	$T1$	$B2$,$B3$,$D1$,$D4$	3.333	50
21	$T1$	$B2$,$B3$,$C2$,$C4$	6.667	50
22	$T1$	$C1$	8.333	40
23	$T1$	$C2$,$C4$	8.333	40

续表5-3

编号	不安全行为(后项)	预警指标要素组合(前项)	支持度/%	置信度/%
24	$T1$	$B3,C2$	8.333	40
25	$T1$	$B3,C4$	8.333	40
26	$T1$	$C4$	21.667	38.462
27	$T1$	$B2,C1$	5	33.333
28	$T1$	$D1,D4$	5	33.333
29	$T1$	$B2,C2$	10	33.333
30	$T1$	$B3,D1,D4$	5	33.333
31	$T1$	$B2,C4$	16.667	30
32	$T1$	$B2,B3$	16.667	30
33	$T1$	$C2$	11.667	28.571
34	$T1$	$B3,C1$	6.667	25
35	$T1$	$A2$	8.333	20
36	$T1$	$B3$	25	20
37	$T1$	$B2,C4,D4$	10	16.667
38	$T2$	$C1,D4$	3.333	50
39	$T2$	$B2,C1$	5	33.333
40	$T2$	$C1$	8.333	20
41	$T2$	$B3,C1$	6.667	25
42	$T2$	$B2,B3,D4$	8.333	20

(3)理论和实践验证

通过理论和实践对挖掘的预测关联规则进行验证,使其具有一定的科学依据。检验预测关联规则集是否存在遗漏、重复等问题,根据检验结果调整最小置信度阈值(min_conf)和最小支持度阈值(min_sup)。若调整阈值后,出现新的规则,则将此规则添加到预测关联规则集,从而进一步完善规则集。经过对阈值的不断调整,当最小支持度为1.66%,最小置信度为14.2%,最大前项为5时,关联规则的数量一直维持在183条。剔除无效的关联规则后,得到22条新的关联规则。将得到的新规则加入预测关联规则集中,最终形成了包含64条规则的预测规则库,从而保证了挖掘结果的全面性。

5.2.3 强预测关联规则分析

关联规则挖掘结果生成了 5 个维度的关联规则,通过分析各维度关联规则发现,从五维关联规则开始已经出现了大量的无效规则。剔除无效规则后,最终的关联规则包含 4 个维度。后项为"失误"和"违章"的关联规则数量并不相同,其中后项为"失误"的关联规则较多。因此,重点分析后项为不同不安全行为的一维、二维、三维和四维关联规则。

一维关联规则有 11 条,预警指标要素频次统计结果,如图 5-3 所示。

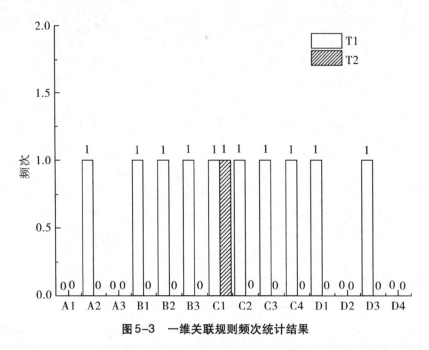

图 5-3　一维关联规则频次统计结果

结果表明,在一维关联规则中"失误"和"违章"的前项均出现了"监管的充分性"。这说明"监管的充分性"为重要的关联性因素。$Support(C1 \rightarrow T1) = 8.333\%$,$Confidence(C1 \rightarrow T1) = 40\%$,表示"监管的充分性"超过阈值时,出现"失误"的概率为 0.04,这种情况发生的可能性为 0.083。含有"问题纠正"的关联规则的置信度最大,$Support(C3 \rightarrow T1) = 3.333\%$,$Confidence(C3 \rightarrow T1) = 100\%$,表示"问题纠正"超过阈值时,出现"失误"的概率为 100%,这种情况发生的可能性为 0.033。

二维关联规则有 34 条,预警指标要素频次统计结果,如图 5-4 所示。在二维关联规则中"监管的充分性""组织过程""组织氛围""团队配合"在"失误"和"违章"的前项中均出现。在"失误"的关联规则集中,含有"业务能力"的规则最多。在"违章"的关联规则集中,含有"监管的充分性"的规则最多。例如,Support($C3, D1 \rightarrow T1$) = 1.667%,
Confidence($C3, D1 \rightarrow T1$) = 100%,表示"问题纠正"和"业务能力"超过阈值时,"失误"发生的概率为100%,这种情况发生的可能性为0.0167。Support($C1, D4 \rightarrow T2$) = 3.333%,
Confidence($C1, D4 \rightarrow T2$) = 50%,表示"监管的充分性"和"团队配合"超过阈值时,"违章"发生的概率为0.50,这种情况发生的可能性为0.0333。

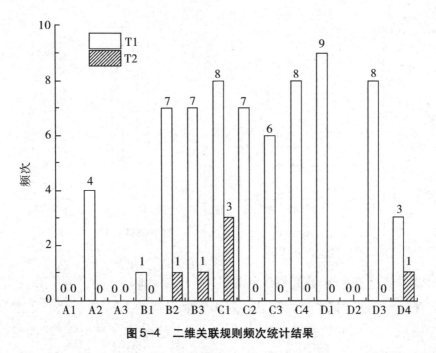

图 5-4　二维关联规则频次统计结果

三维关联规则有11条,预警指标要素频次统计结果,如图5-5所示。在三维关联规则中"监管的充分性""组织过程""组织氛围""团队配合"在"失误"和"违章"的前项中均出现。在"失误"的关联规则集中,含有"运行计划"的规则最多。Support($A2, C4, D1 \rightarrow T1$) = 1.667%,Confidence($A2, C4, D1 \rightarrow T1$) = 100%,表示"技术环境"、"运行计划"和"业务能力"同时超过阈值时,"失误"发生的概率为100%,这种情况发生的可能性为0.0167。在"违章"的关联规则集中,含有"组织过程"和"团队配合"的规则最多。例如,Support($B2, C1, D4 \rightarrow T2$) = 1.667%,Confidence($B2, C1, D4 \rightarrow T2$) = 100%,表示"组织过程"、"监管的充分性"和"团队配合"同时超过阈值时,"违章"发生的概率为100%,这种情况发生的可能性为0.0167。

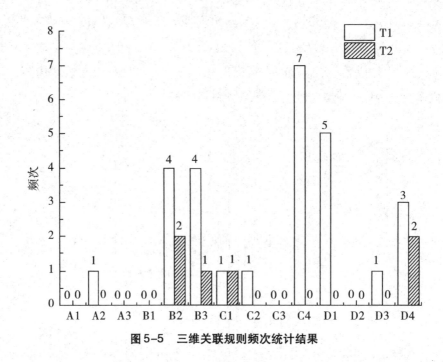

图 5-5　三维关联规则频次统计结果

四维关联规则有 5 条,预警指标要素频次统计结果如图 5-6 所示。在四维关联规则中"监管的充分性""组织过程""组织氛围""团队配合"在"失误"和"违章"的前项中均出现。在"失误"的关联规则集中,含有"组织过程"和"组织氛围"的规则最多。$\text{Support}(B2,B3,C4,D1 \rightarrow T1) = 6.667\%$,$\text{Confidence}(B2,B3,C4,D1 \rightarrow T1) = 50\%$,表示"组织过程""组织氛围""运行计划"和"业务能力"同时超过阈值时,"失误"发生的概率为 0.5,这种情况发生的可能性为 0.0667。在"违章"的关联规则集中,含有"组织过程""组织氛围""监管的充分性"和"团队配合"。$\text{Support}(B2,B3,C1,D4 \rightarrow T2) = 1.667\%$,$\text{Confidence}(B2,B3,C1,D4 \rightarrow T2) = 100\%$,表示"组织过程""组织氛围""监管的充分性"和"团队配合"同时超过阈值时,"违章"发生的概率为 100%,这种情况发生的可能性为 0.0167。

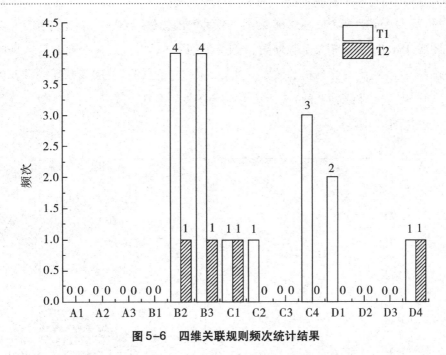

图 5-6　四维关联规则频次统计结果

由以上关联规则分析结果可知,二维关联规则数量最多,其次为一维、三维关联规则,四维关联规则数量最少。在二维、三维、四维关联规则中,"监管的充分性""组织过程""组织氛围""团队配合"在"失误"和"违章"的前项中均出现,表明与不安全行为具有强相关关系。因此,对以上关联性要素进行监控,能够有效对管制员不安全行为风险进行实时预测,同时根据管制员不安全行为的阈值和警级发出预警信号。然而,"物理环境""机组因素""生理状态"未在"失误"和"违章"的前项中出现,在理论上可以判定它们不是影响不安全行为的关键预测预警指标要素。

5.2.4　强预测关联规则验证

为验证关联规则挖掘结果的准确性,以"组织氛围"、"团队配合"与"失误"和"违章"为例,进行变量数据之间的线性关系拟合,同时计算 Pearson 相关系数。Pearson 相关系数用来定量描述两变量之间的线性相关程度,其值在−1 到 1,绝对值在 0 到 1。相关程度采用相关系数绝对值大小表示,规则为:值在[0,0.2]区间,表示两变量极弱相关;值(0.2,0.4]区间,表示两变量弱相关;值在(0.4,0.6]区间,表示两变量中等相关;值在(0.6,0.8]区间,表示两变量强相关;值在(0.8,1]区间,表示两变量极强相关。

"组织氛围"、"团队配合"与"失误"和"违章"之间的线性关系拟合如图 5-7 所示,各拟合线右上角为变量间的 Pearson 相关系数。由线性关系拟合图和相关系数可知,"组织氛围"、"团队配合"与"失误"和"违章"具有相关关系,与关联规则挖掘得到的结论一致。

由此可见,基于 Apriori 算法的关联规则具有较高的准确性,与线性拟合法相比,关联规则无需作图或计算 Pearson 相关系数便可得到变量间的相关关系,在处理大量数据时具有较大的优势,能够提高关联分析的效率。此外,为了进行预测,关联规则通过寻找数据之间的关联物,而不是非线性匹配,使计算的时间复杂度得到了降低,同时在较大程度上使预测的效率得到提升。

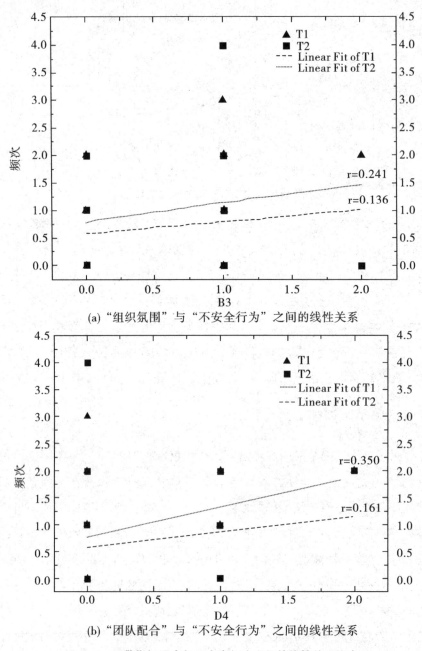

(a) "组织氛围"与"不安全行为"之间的线性关系

(b) "团队配合"与"不安全行为"之间的线性关系

图5-7 预警指标要素与不安全行为之间的线性关系拟合

5.3　随机森林预测预警模型构建

由于需要不断选择中间判断节点构建随机森林预测模型,不能输入太多的变量,否则可能会干扰模型的训练,对最终的预测产生影响,因此构建随机森林模型不需要太多的变量。随机森林模型的优点在于相对于其他预测模型的输入变量较少,选取部分预警指标要素便可用于最终预测。本节以关联规则挖掘结果为基础,将 11 个强关联预警指标要素作为输入变量,将不安全行为作为输出变量,构建随机森林预测预警模型。

5.3.1　随机森林原理

随机森林为一种有监督的机器学习算法,由决策树与 Bagging 框架构成,其中的每一棵树都相互独立。其本质为基于决策树的分类器集成算法,是随机化数据集的列变量和行观测,形成多个分类树,最终汇总分类树结果。换种说法,随机森林是由多个决策树构成,在决策树构建的过程中,不进行任何剪枝,随机挑选列变量和行观测生成每一棵树。单个决策树能够正确预测的可能性不高,但单个决策树生成器组合形成森林,这种整体情况下的误差率低于单个决策树,因此整体正确预测的概率较高。构建随机森林模型主要包括两部分内容:第一部分是生成森林,第二部分是决策。针对预测,随机森林的运算过程为将训练样本随机分为 n 个抽样样本,构建 n 个 CART（Classification And Regression Tree）决策树,按照简单投票法确定分类结果,预测结果为 n 个叶子节点的均值,即将多个决策树的预测结果的简单平均值作为预测结果。随机森林算法的运算过程,如图 5-8 所示。

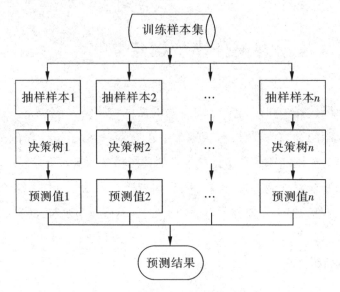

图 5-8　随机森林算法的运算过程

随机森林具有随机选择特征中取优分裂思想,使得模型具有较强的新鲜样本适应能力,而且降低了输出的方差,同时降低了模型的复杂度,不需要通过降维就可以得到高效的结果。另外,针对样本集的训练是高度并行化的,且具有很好的分类能力和拟合能力,从而适应了大数据背景下大数据高速计算的发展。

预测结果评价指标通常包括两个指标,即均方误差(Mean square error,MSE)、平均绝对误差(Mean absolute error,MAE)。均方误差和平均绝对误差常用来衡量预测结果精度。均方误差为实际值与预测值之间差距的平方和的平均,其值越小表示模型的预测精度越高,计算公式为(5-3)。平均绝对误差为实际值与预测值之差的绝对值之和的平均,其值反映了实际预测值误差的大小,计算公式如(5-4)所示。

$$MSE = \frac{1}{N} \sum_{i=1}^{N} \left(\theta_i - \hat{\theta}_i \right)^2 \tag{5-3}$$

$$MAE = \frac{1}{N} \sum_{i=1}^{N} \left| \theta_i - \hat{\theta}_i \right| \tag{5-4}$$

其中,N 代表用于测试的样本数量,θ_i 代表实际值,$\hat{\theta}_i$ 代表预测值。

随机森林预测预警模型的输入变量为强关联规则中的预警指标要素,输出变量为不安全行为,对应 Ⅰ、Ⅱ、Ⅲ、Ⅳ 4 个预警等级。风险事件发生的频率分为 5 个级别,包括极不可能、罕见、偶然、经常、频繁,取值范围分别为[0,1]、(1,2]、(2,3]、(3,4]、(4,5]。由于选取的不安全事件案例的严重性均为中度以上,因此结合不安全行为发生的频率,将不安全行为的报警等级和阈值设为无警(0)、轻警(1)、中警(2)、重警(3)。

5.3.2　模型构建过程

本章借助 SPSS Modeler 18 软件实现随机森林算法,这构建可视化随机森林预测模型,如图 5-9 所示。

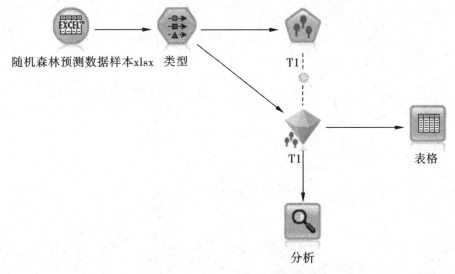

图 5-9　随机森林预测模型

为了检验预测模型的有效性,将收集到的 59 份空管不安全事件相关数据作为随机森林预测数据样本,按照不安全行为风险预警指标要素的属性进行归类整理,以确保获得的数据更加科学。然后,将整理好后的随机森林预测数据样本导入到软件中,以 T1 为目标值,将预警指标要素作为输入变量。接下来设置算法的参数,如要构建的模型数量、样本大小、最大节点数、缺失值的最大百分比等。最后,运行程序得出结果并进行分析。按照同样的步骤,以 T2 为目标值进行预测。

5.3.3　预测结果分析

随机森林预测结果,如图 5-10 所示。针对失误预测,均方误差为 0.616,平均绝对误差为 0.329,说明预测值与真值之间的偏差较小,预测精度较高。针对违章预测,均方误差为 0.710,平均绝对误差为 0.321,同样说明违章的预测值与真值之间的偏差较小,预测精度较高。预测结果评价指标和图 5-10 均表明失误预测值与真实值的重合度较大,预测精确度更高。以上分析说明,采用随机森林算法对不安全行为的预测效果较好,在不安全行为预测上具有较大的优势。

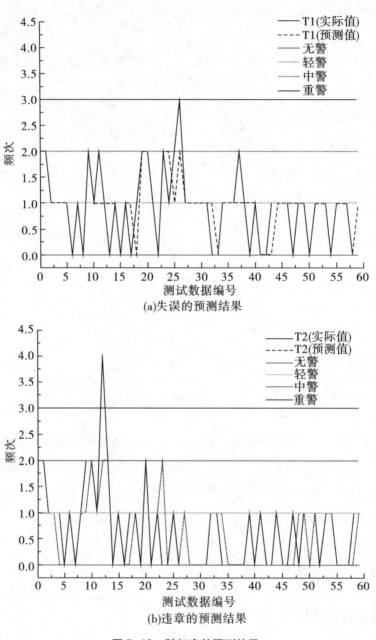

(a)失误的预测结果

(b)违章的预测结果

图5-10　随机森林预测结果

管制员失误和违章的警情存在差别。失误的警情多为轻警,占57.63%;其次是无警,占比27.12%;中警、重警占比分别为13.56%、1.69%。违章的警情从无警、轻警、中警到重警占比依次为49.15%、40.68%、8.47%、1.69%,这表明其中无警占比最高。从无警的占比来看,失误的无警比例(27.12%)低于违章的无警比例(49.15%)。由此可见,在管制原因导致的不安全事件中,与违章相比,失误的警情较为严重,更容易导致不安全事件的发生,应对其采取相应措施进行重点干预,以减少失误的发生。相比较而言,违章行为造成的风险较小,但仍需多加关注,并采取相应措施,降低违章行为风险。

5.4　预测变量重要性分析

对管制员不安全行为风险的各预警指标要素的重要性分析,如图 5-11 和图 5-12 所示。图中指标要素对应的横条的长度表示预测变量重要性大小,其数值越大,表明对预测结果贡献度越大。

失误预测变量重要性显示 $D1$、$A2$、$C1$、$D3$ 排在前四位,重要性均在 0.6 以上,即业务能力、技术环境、监管的充分性、心理状态对管制员失误预测显著重要,这与关联规则挖掘结果一致,表明它们也是关联性较强的因素。其中管制员的业务能力是最重要的指标要素,预测变量重要性在 1.2 以上,是指对规章制度标准程序的掌握程度,以及对设备操作、特情处置等实际操作的管制技能的具备程度。失误包括遗忘(疏忽)某些管制指令或管制程序、发布指令错误等类型,是由于未能感知系统中危险信息的变化或采取不当的处理方式导致的。对危险信息的准确性感知和处理方式的正确选择为管制员业务能力的构成要素,表明管制员的业务能力与失误密切相关。技术环境因素主要指重要通导监视设备故障次数。管制员对设备的依赖程度很高,一旦设备发生故障,管制员则很容易产生指挥失误。监管的充分性是指定期质量安全监督检查执行和安全教育培训,缺少定期质量安全监督检查,开展的安全教育培训不符合要求均会使管制员失误产生的可能性增加,因为前者会导致隐患不被发现,后者不利于提升管制员的安全行为能力。在心理上,管制员的注意力分配和工作压力大小等均会对管制员行为造成较大影响。

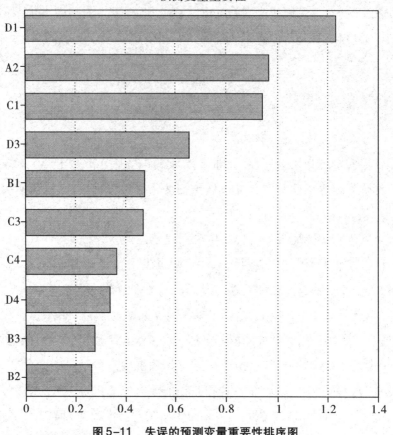

图5-11 失误的预测变量重要性排序图

　　针对违章,排在前四位较为显著的重要指标要素分别为 $C1$、$B3$、$B2$、$D3$,其重要性均在 2 以上,说明监管的充分性、组织氛围、组织过程、管制员心理状态对于违章预测的重要性较大。其中,监管的充分性、组织氛围、组织过程均与心理状态相关。违章是指在完成任务的过程中主动偏离规则、程序或所受指令的要求的行为,但并不希望造成危害性后果。空中交通管理的设备和技术发展迅猛,但管制员违章行为仍然会出现,这与心理资本、团队安全氛围等隐性因素有关。管制员的有意违章存在主观的故意性,但并不希望造成危害性后果,而安全事件具有随机性、潜伏性。这表明有意违章行为的风险更大,但能够通过人的主观意识进行控制。从监管角度来说,制定合理的规章制度、定期评价及监督检查工作质量等对管制员的行为进行监控和管理,有利于控制违章行为问题。相比失误,违章的风险因素更为复杂,因此违章更难被预测,这与预测结果是一致的。

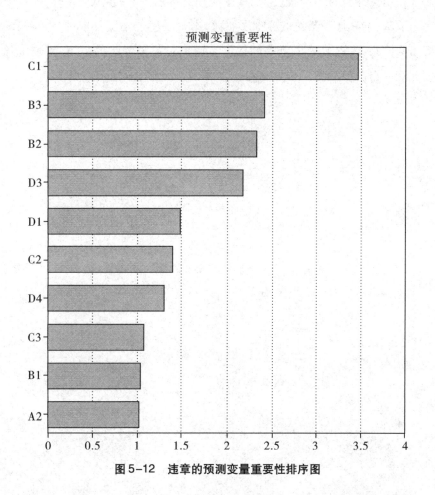

图 5-12　违章的预测变量重要性排序图

　　将前 4 个对预测结果影响较大的预警指标要素归入预警指标准则层,分析对应的预警指标准则层的个数。针对失误的预测预警指标要素中,业务能力、心理状态为管制员状态因素,技术环境为环境因素,监管的充分性为安全监管因素。可见,在预警指标准则层中,管制员状态因素占比较大,对失误预测结果影响较大。针对违章的预测预警指标要素中,组织氛围和组织过程为组织管理因素,监管的充分性为安全监管因素,心理状态为管制员状态因素。可见,对违章预测结果影响较大的预警指标准则层中,组织管理因素较多。

虽然预测结果显示随机森林预测模型具有较高的精确度,但预测是建立在统计分析的基础上,仍然有可能存在"虚警"。在实际应用过程中,可将预测结果作为一项参考值,而不能完全依赖,将其作为绝对的标准。然而,本章采用的不安全事件历史数据有限,为提升模型预测的精度,需要采集更多的数据。通过对更多样本的学习,采取随机森林进行预测的准确性将会得到进一步提高。

第 6 章

民航管制员违章行为安全监管演化博弈

根据预警分析可知,相较失误,违章的风险因素更为复杂,违章更难被预测。监管的充分性、组织氛围等因素对于违章预测的重要性较大,管制员违章行为安全监管的演化过程尚不清楚。因此,理清管制员违章行为安全监管的演化机理,有助于对管制员不安全行为风险进行有效控制。不安全行为包括违章行为、失误或差错,管制员违章行为可分为有意违章和无意违章,其中有意违章存在主观的故意性,但并不希望造成危害性后果,而安全事件具有随机性、潜伏性。这表明有意违章行为的风险更大,但能够通过人的主观意识进行控制。在管制员违章行为监管过程中,安全管理者和管制员是有限理性的,通过不断学习而调整己方的策略,并重复进行,最终达到稳定策略,双方形成了动态的演化博弈。因此,本书为发现团队规范下管制员违章行为及监管策略的博弈演化规律,运用演化博弈理论,构建安全管理者与管制员演化博弈模型,分析博弈系统均衡点的局部稳定性。在此基础上建立演化博弈的系统动力学模型,仿真模拟不同情形博弈双方策略选择的动态演化过程,并分析混合策略均衡下模型参数变化对系统演化趋势和结果的影响。

6.1 演化博弈分析方法

演化博弈论认为局中人是在不断观察、学习中发现收益更高的策略,从而调整自身策略以做出最优决策。局中人根据过往策略及收益情况来进行相互判断和认知并以此作为下一次博弈做出策略选择的依据,是不断动态变化的。具有有限理性的博弈各方无法准确判断自身在博弈中的状态,需通过一定的策略逐渐演化,最终达到一种稳定状态。

演化博弈方法多用于分析博弈者的有限理性和博弈的动态过程,在安全、经济、公共管理等领域应用广泛。例如,Liu 等利用演化博弈论来描述煤矿安全监管体系中利益相关者(包括国家煤矿安全监察局、地方煤矿安全监察部门和煤炭企业)之间的互动关系，分析了利益相关者相互作用的稳定性并确定平衡解；王文轲等用演化博弈理论构建政府监管部门与航空公司、航空公司与航空公司之间多方演化博弈模型，分析其稳定策略及演化路径，探讨民航安全监管制度的内在机理和监管模式；陈信同等以企业的要素投入与市场地位为依据，将联盟成员划分为三类并构建三者之间的演化博弈模型，分析了影响博弈主体策略选择的影响因素，确立三方策略趋于稳定的条件；程敏和刘彩清在政府和被拆迁人具有有限理性的前提下，构建了拆迁行为的演化博弈模型，对政府和被拆迁人策略选择的互动行为及稳定状态进行了分析，建立系统动力学模型进行仿真，分析了不同因素对拆迁中双方行为的动态影响。

空中交通管理以管制班组为工作形式，目前研究忽略了管制班组团队规范对管制员班组违章行为的影响，较少涉及管制班组中管制员违章行为和安全管理者的监管策略间的互动机制研究。在管制员违章行为监管过程中，安全管理者和管制员是有限理性的，通过不断学习而调整己方的策略，并重复进行，最终达到稳定策略，故演化博弈理论适合被用来对管制员违章行为监管的过程进行描述。系统动力学(System Dynamics,SD)结合了定性分析和定量分析，在研究动态的、具有反馈关系的复杂系统方面具有显著优势，是研究博弈动态演化过程的一种有效辅助方法，能够分析博弈初始值对各方博弈演化过程的影响。例如，已有研究为探究跑道侵入风险控制中机场、航空公司与行业政府的博弈策略，构建了基于支付函数矩阵的三方演化博弈模型，并运用系统动力学对演化博弈过程进行仿真分析，设置了2种仿真环境，确定了博弈稳定演化的均衡状态。

借鉴现有文献的研究，本章综合采用演化博弈理论和系统动力学方法，构建团队规范下管制员有意违章行为和安全管理者的监管策略之间演化博弈的SD模型，研究两者博弈的演化路径，探究避免系统陷入"不良锁定"状态、引导系统向着预期方向努力的情景条件，以期为安全管理者制定管制员违章行为监管策略提供科学的理论借鉴和实践指导。

6.2　演化博弈模型构建

6.2.1　模型描述和基本假设

借鉴已有研究，本章将管制员的违章行为界定为管制员有意忽视和违反空管机构的规章制度、操作规范、运行标准和程序等的行为,这些行为将影响航班的安全飞行、起飞及降落。根据计划行为理论,团队规范直接影响有意违章行为。管制班组一般是由 2 个及以上的协同工作关系高度密切的管制员所组成的工作团队。团队规范形成班组团队作业的"社会环境",能够影响班组成员进行团队作业的意愿和内驱力以及工作态度,指导着成员的行为。管制班组团队规范的性质取决于是否保持安全第一、安全至上的理念,是否以"专业程度"为标准等。因此,团队成员在互动沟通过程中会形成正规范和负规范两种团队规范,其中正规范抵制违章行为;负规范支持违章行为。例如,管制员看到大多数同事在违章,迫于大众势力和舆论压力,放弃遵守规章的原则,从而在明知规章制度下,采取了规章制度所不允许的行为,前提是违章行为未导致空管不安全事件;部分管制员认为违章具有影响性、实用性、方便性,以往并没有因此出现过安全问题,所以在工作负荷大时走"捷径",导致这些情况存在较强的负规范。

通过访谈获悉,安全管理者为确保向区域内的飞行活动提供安全有序的空中交通管制、告警、航行情报服务,通过制定规章制度、评价及监督检查工作质量等对管制员的行为进行监控和管理。因此,安全管理者是控制违章行为问题的重要主体。然而,对管制员加强监管,如全面监控其日常工作,需要投入较多的人力、物力,在不监管的情况下管制员违章行为可能会造成后果。一些故意违章行为在执行过程中具有隐蔽性,因此成为安全管理者监管的难点及重点之一。由于弱监管和正的团队规范,管制员存在"被安全管理部门查不到"的侥幸心理,而产生违章行为。

从博弈论角度来看,违章行为监管属于典型的监督博弈,研究的是监管人(安全管理者)和被监管人(管制员)的利益冲突中的策略和均衡问题。在监督博弈过程中,空中交通管制实行班组管理,形成的团队规范的性质和强度以及安全管理者的监管强度影响着管制员的违章行为。

通过以上文献研究和实地访谈,提出如下假设。

假设 1　博弈过程的参与者为空中交通管制员(C)和空管安全管理者(S),博弈双方都是有限理性的,在博弈过程中,双方均要通过模仿、学习并不断改进,才能找到最优策略。

假设 2　博弈主体 S 和 C 均有两种策略。管制员的策略集为(遵章行为 C_1、违章行为 C_2)。安全管理者对管制员行使监控和管理的职责,策略集为(强监管 S_1、弱监管 S_2)。

假设 3　管制员选择"遵章行为"的概率为 $x(0 \leqslant x \leqslant 1)$,选择"违章行为"的概率为 $1-x$;安全管理者选择"强监管"的概率为 $y(0 \leqslant y \leqslant 1)$,选择"弱监管"的概率为 $1-y$。

假设 4　为进一步构建博弈的收益函数矩阵,假设 R_1 为管制员采取"遵章行为"的收益;R_2 为管制员采取"违章行为"时节省的体力和脑力劳动;被监管部门监查到后受到的

处罚为 T；P_1 为管制员违反负的团队规范而采取"遵章行为"所付出的成本；P_2 为管制员采取"违章行为"违反规章制度而付出的成本；P_3 为违反正的团队规范而采取"违章行为"所付出的成本。

假设 5 P_4 为安全管理者进行"强监管"而付出的成本，如投入较高成本制定监管规则、法律和制度等，投入较多人力进行监察，投入较多财力开发和购买高端技术、设备等。P_5 为安全管理者进行"弱监管"而付出的成本，其中 $P_4 > P_5$。L 为管制员采取"违章行为"时，民航安全受到影响，安全管理者的社会声誉损失。T 为安全管理者进行"强监管"时对监查到的管制员"违章行为"的处罚。F 为空管原因不安全事件发生后，安全管理者受到的处罚。α 为"违章行为"被安全管理者发现的概率，监管制度有效的基本条件是 $R_1 > R_2 - P_2 - \alpha T$；$\beta$ 为"违章行为"引发不安全事件的概率。

假设 6 $R_1 - P_1 < R_2 - P_2 - P_3$ 表示管制班组中存在较强的负团队规范或较低的正团队规范。

根据上述假设，博弈双方的收益函数矩阵，如表6-1所示。

表6-1 管制员和安全管理者博弈的收益函数矩阵

博弈双方		管制员	
		遵章行为	违章行为
安全管理者	强监管	$(-P_4, R_1 - P_1)$	$(\alpha T - P_4 - L - \beta F, R_2 - P_2 - P_3 - \alpha T)$
	弱监管	$(-P_5, R_1 - P_1)$	$(-P_5 - L - \beta F, R_2 - P_2 - P_3)$

6.2.2 演化博弈模型的建立

根据模型基本假设，令管制员"遵章行为"和"违章行为"情况下的期望收益分别为 U_x、U_{1-x}；平均期望收益为 $\bar{U}_C$，计算式如公式(6-1)、公式(6-2)、公式(6-3)所示：

$$U_x = y(R_1 - P_1) + (1 - y)(R_1 - P_1) = R_1 - P_1 \tag{6-1}$$

$$U_{1-x} = y(R_2 - P_2 - P_3 - \alpha T) + (1 - y)(R_2 - P_2 - P_3)$$
$$= -y\alpha T + R_2 - P_2 - P_3 \tag{6-2}$$

$$\bar{U}_C = xU_x + (1 - x)U_{1-x} \tag{6-3}$$

复制动态方程是一种动态微分方程，描述某一特定策略在一个种群中被采用的频率或频度，管制员策略的演化博弈复制动态方程为：

$$\frac{\mathrm{d}x}{\mathrm{d}t} = x(1-x)(U_x - U_{1-x})$$

$$= x(1-x)(y\alpha T + R_1 - P_1 - R_2 + P_2 + P_3) \tag{6-4}$$

同理,令安全管理者"强监管"和"弱监管"情况下的期望收益分别为 U_y、U_{1-y};平均期望收益为 $\overline{U}_S$,计算式如公式(6-5)、公式(6-6)、公式(6-7)所示。安全管理者策略的演化博弈复制动态方程为公式(6-8)。

$$U_y = -xP_4 + (1-x)(\alpha T - P_4 - L - \beta F)$$

$$= x(-\alpha T + L + \beta F) + \alpha T - P_4 - L - \beta F \tag{6-5}$$

$$U_{1-y} = -xP_5 + (1-x)(-P_5 - L - \beta F)$$

$$= x(L + \beta F) - P_5 - L - \beta F \tag{6-6}$$

$$\overline{U}_S = yU_y + (1-y)U_{1-y} \tag{6-7}$$

$$\frac{\mathrm{d}y}{\mathrm{d}t} = y(1-y)(U_y - U_{1-y})$$

$$= y(1-y)(-\alpha Tx + \alpha T - P_4 + P_5) \tag{6-8}$$

6.3 局部稳定性分析

复制动态方程式(6-4)和复制动态方程式(6-8)描述了管制员和安全管理者博弈过程中策略调整的动态关系,若博弈双方的复制动态方程式均等于0,演化博弈才能达到渐进稳定状态。令式(6-4)和式(6-8)等于0,得到系统的5个均衡点:$E_1(0,0)$,$E_2(0,1)$,$E_3(1,0)$,$E_4(1,1)$,$E_5 = (x^\square, y^\square)$,$x^\square = (\alpha T - P_4 + P_5)/\alpha T$,$y^\square = (-R_1 + P_1 + R_2 - P_2 - P_3)/\alpha T$。其中,$E_1 \sim E_4$ 为纯策略均衡点,当且仅当 $(\alpha T - P_4 + P_5)/\alpha T \in [0,1]$,$(-R_1 + P_1 + R_2 - P_2 - P_3)/\alpha T \in [0,1]$ 时,即在平面 $\{(x,y) \mid 0 \leqslant x, y \leqslant 1\}$ 内,则存在混合策略纳什均衡点 E_5。

通过分析系统的雅克比(Jacobi)矩阵,可以判断系统的稳定点是否为演化稳定策略。由复制动态方程(6-4)和复制动态方程式(6-8)可得系统的雅克比矩阵(J)、行列式 $det(J)$、矩 $tr(J)$,分别为:

$$J = \begin{bmatrix} (1-2x)(y\alpha T + R_1 - P_1 - R_2 + P_2 + P_3) & x(1-x)(\alpha T) \\ y(1-y)(-\alpha T) & (1-2y)(-x\alpha T + \alpha T - P_4 + P_5) \end{bmatrix}$$

$$\tag{6-9}$$

$$det(J) = (1 - 2x)(y\alpha T + R_1 - P_1 - R_2 + P_2 + P_3)(1 - 2y)(-x\alpha T + \alpha T - P_4 + P_5)$$
$$+ x(1 - x)(\alpha T)y(1 - y)(\alpha T)$$

$$(6-10)$$

$$tr(J) = (1 - 2x)(y\alpha T + R_1 - P_1 - R_2 + P_2 + P_3) + (1 - 2y)(-x\alpha T + \alpha T - P_4 + P_5)$$

$$(6-11)$$

将 5 个均衡点带入公式(6-10)、公式(6-11),得到行列式 $det(J)$ 和矩 $tr(J)$ 的表达式,如表 6-2 所示。

表 6-2 均衡点稳定性分析

均衡点	$det(J)$	$tr(J)$
$E_1(0,0)$	$-(R_2 - R_1 + P_1 - P_2 - P_3)(\alpha T - P_4 + P_5)$	$-(R_2 - R_1 + P_1 - P_2 - P_3) + (\alpha T - P_4 + P_5)$
$E_2(0,1)$	$(-\alpha T + R_2 - R_1 + P_1 - P_2 - P_3)(\alpha T - P_4 + P_5)$	$-(R_2 - R_1 + P_1 - P_2 - P_3) + P_4 - P_5$
$E_3(1,0)$	$(R_2 - R_1 + P_1 - P_2 - P_3)(-P_4 + P_5)$	$(R_2 - R_1 + P_1 - P_2 - P_3) + (-P_4 + P_5)$
$E_4(1,1)$	$(\alpha T - R_2 + R_1 - P_1 + P_2 + P_3)(-P_4 + P_5)$	$-(\alpha T - R_2 + R_1 - P_1 + P_2 + P_3) - (-P_4 + P_5)$
$E_5(x^*,y^*)$	$(\alpha T - P_4 + P_5)(R_2 - R_1 + P_1 - P_2 - P_3)(P_4 - P_5)(\alpha T - R_2 + R_1 - P_1 + P_2 + P_3) / (\alpha T)^2$	0

根据雅可比矩阵的局部稳定分析法,当均衡点满足 $det(J) > 0$、$tr(J) < 0$ 时,则该点为系统在演化过程中的局部渐进稳定点。系统的演化可分为 4 种情形,均衡点局部稳定性,如表 6-3 所示。

表 6-3 情形 1 ~ 4 下均衡点局部稳定性

均衡点	情形 1			情形 2			情形 3			情形 4		
	$det(J)$	$tr(J)$	结果	$det(J)$	$tr(J)$	结果	$det(J)$	$tr(J)$	结果	$det(J)$	$tr(J)$	结果
$E_1(0,0)$	−	不确定	鞍点	+	+	不稳定	+	−	ESS	−	不确定	鞍点
$E_2(0,1)$	−	+	鞍点	+	+	不稳定	−	不确定	鞍点	+	不确定	鞍点
$E_3(1,0)$	+	−	ESS	+	−	ESS	−	+	鞍点	−	不确定	鞍点
$E_4(1,1)$	−	不确定	鞍点	−	不确定	鞍点	+	+	不稳定	−	不确定	鞍点
$E_5(x^*,y^*)$	+	0	中心点	−	0	鞍点	+	0	中心点	+	0	中心点

1）当 $\alpha T - P_4 < -P_5$ 且 $R_1 - P_1 > R_2 - P_2 - P_3$ 时（情形 1），系统存在唯一的演化稳定点 $E(1,0)$。此时安全管理者选择"弱监管"的收益大于"强监管"的收益，管制员"违章行为"的收益小于"遵章行为"的收益，管制班组中存在较强的正团队规范或较低的负团队规范。在这种情形下，系统会演化至"遵章行为—弱监管"模式，这是一种理想模式。

2）当 $\alpha T - P_4 > -P_5$ 且 $R_1 - P_1 > R_2 - P_2 - P_3$ 时（情形 2），安全管理者选择"弱监管"的收益小于"强监管"的收益，管制员"违章行为"的收益小于"遵章行为"的收益，管制班组存在强度较大的正团队规范或强度较低的负团队规范。在该情形下，系统存在唯一的演化稳定点 $E(1,0)$，系统会演化至"遵章行为—弱监管"模式，这是一种理想模式。

3）当 $\alpha T - P_4 < -P_5$ 且 $R_1 - P_1 < R_2 - P_2 - P_3$ 时（情形 3），系统存在唯一的演化稳定点 $E(0,0)$。安全管理者选择"强监管"的收益小于"弱监管"的收益，管制员"违章行为"的收益大于"遵章行为"的收益，管制班组中存在较强的负团队规范或较低的正团队规范。系统会演化至"违章行为—弱监管"模式，这是一种不良"锁定"模式。

4）当 $\alpha T - P_4 > -P_5$ 且 $R_1 - P_1 < R_2 - P_2 - P_3$ 时（情形 4），E_5 为中心点，系统无演化稳定点。安全管理者选择"强监管"的收益大于"弱监管"的收益，管制员"违章行为"的收益大于"遵章行为"的收益，管制班组中存在较强的负团队规范或较低的正团队规范。由 $\alpha T - P_4 + P_5 > 0$，$-P_4 + P_5 < 0$，$R_1 - P_1 < R_2 - P_2 - P_3$，$-R_1 + P_1 + R_2 - P_2 - P_3 - \alpha T \leqslant 0$，可知 $0 < (\alpha T - P_4 + P_5)/\alpha T < 1$，$0 < (-R_1 + P_1 + R_2 - P_2 - P_3)/\alpha T < 1$，即存在混合策略纳什均衡点 E_5。同时，$det[J(E_1)] < 0$，$det[J(E_2)] > 0$，$det[J(E_3)] < 0$，$det[J(E_4)] < 0$，所以 $E_1 \sim E_4$ 均不是系统的局部渐进稳定点。$det[J(E_5)] > 0$，$tr[J(E_5)] = 0$，因此，E_5 是非渐进演化中心点。

通过对均衡点进行局部稳定性分析发现，在情形 1 ~ 3 下系统在演化过程中均存在稳定的纯策略均衡点，但 E_5 没有落在平面 $\{(x,y) \mid 0 \leqslant x, y \leqslant 1\}$ 内，故 E_5 不存在。在情形 4 下混合策略纳什均衡点 E_5 存在，且为系统的稳定而非渐进稳定的中心点。进一步可以采用相图来描述情形 4 下系统的复杂演化过程，如图 6-1 所示。当安全管理者选择"强监管"的概率处于较高的初始状态，即 $y > y^*$ 时，管制员选择"遵章行为"的概率逐渐增大，直到 $x = 1$ 的稳定状态。当管制员选择"遵章行为"的概率处于较高的初始状态，即 $x > x^*$ 时，安全管理者选择"强监管"的概率逐渐减小，直到 $y = 0$ 的稳定状态。总体来说，安全管理者和管制员双方在博弈过程中的行为呈现一种周期模式，这说明两者之间的关系具有长期性。

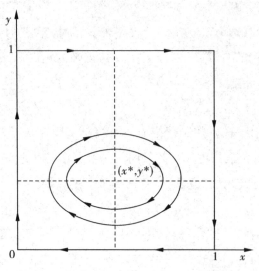

图6-1 管制员和安全管理者演化博弈相图

在混合策略纳什均衡下管制员遵章行为的概率为 $x^* = (\alpha T - P_4 + P_5)/\alpha T$。可见,管制员混合策略纳什均衡与"违章行为"被安全管理者发现的概率 α、安全管理者进行"强监管"时对监查到的管制员"违章行为"的处罚 T、安全管理者进行"强监管"而付出的成本 P_4、安全管理者进行"弱监管"而付出的成本 P_5 有关。"违章行为"被安全管理者发现的概率越大,受到的处罚越多,"强监管"付出的成本越低,而"弱监管"付出的成本越高,遵章行为的概率越大。

以上分析给出了一定条件下系统的稳定状态,但不能确定影响博弈双方策略变化的具体因素,无法反映各参数变化对系统稳定性的动态影响。因此,可以在以上演化博弈分析的基础上建立 SD 模型并仿真模拟,进一步分析博弈双方关系的长期趋势及结果变化。

6.4 演化博弈的 SD 模型构建

为了更直观地描述管制员、安全管理者的演化稳定性过程,基于双方演化博弈复制动态方程式(6-4)、复制动态方程式(6-8),构建民航管制员违章行为监管演化博弈的 SD 模型,如图6-2所示。在该模型中有 2 个水平变量:管制员遵章行为概率 x、安全管理者强监管概率 y;2 个速率变量:管制员策略变化率、安全管理者策略变化率;10 个中间变量 α、T、P_5、L、β、F、U_x、U_{1-x}、U_y、U_{1-y};7 个外部变量 R_1、P_1、R_2、P_2、P_3、P_4、P_5。设定模型仿真起始时间 INITIAL TIME = 0,结束时间 FINAL TIME = 100,单位为天。假设安全管理者以每天 1 次的频率对管制员的行为进行监管,因此,取仿真步长 TIME STEP = 1。

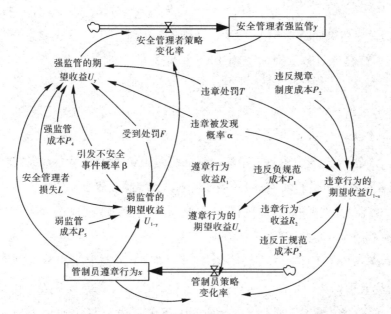

图 6-2　管制员违章行为监管演化博弈的 SD 模型

6.5　演化博弈过程仿真分析与调控

6.5.1　不同情形下博弈过程策略选择演化

运用 Vensim PLE 软件进行数值实验,根据演化博弈模型的基本假设和空管专家的建议,确定每个参数的初始值,仿真模拟情形 1 ~ 4 下博弈双方策略选择的复杂动态演化过程,如图 6-3 所示。

1)根据 $\alpha T - P_4 < -P_5$ 且 $R_1 - P_1 > R_2 - P_2 - P_3$ 时(情形 1)对参数赋值,令 $\alpha = 0.4$,$T = 0.3$,$P_4 = 9$,$P_5 = 8$,$R_2 = 0.2$,$R_1 = 0.3$,$P_1 = 0.5$,$P_2 = 0.2$,$P_3 = 0.25$,$L = 7$,$\beta = 0.5$,$F = 0.6$。情形 1 下博弈双方策略选择的演化过程如图 6-3(a)所示。安全管理者的策略选择曲线趋于 0,管制员的策略选择曲线趋于 1。这表明安全管理者对管制员进行弱监

管,管制员选择遵章行为。经过长期博弈,系统演化至"遵章行为—弱监管"模式,与局部稳定性分析得出的演化稳定策略一致。

2)按 $\alpha T - P_4 > -P_5$ 且 $R_1 - P_1 > R_2 - P_2 - P_3$(情形2)对参数进行赋值,令 $\alpha = 0.8$,$T = 1.3$,$P_4 = 9$,$P_5 = 8.5$,$R_2 = 0.2$,$R_1 = 0.3$,$P_1 = 0.5$,$P_2 = 0.2$,$P_3 = 0.25$,$L = 7$,$\beta = 0.5$,$F = 0.6$。数值模拟结果如图6-3(b)所示。与情形1相似,情形2下的管制员策略选择曲线趋于1,安全管理者策略选择曲线趋于0,表明双方长期博弈的稳定策略为"遵章行为—弱监管",这与局部稳定性分析结果一致。

3)根据 $\alpha T - P_4 < -P_5$ 且 $R_1 - P_1 < R_2 - P_2 - P_3$(情形3)对模型参数进行取值,令 $\alpha = 0.4$,$T = 0.3$,$P_4 = 9$,$P_5 = 8$,$R_2 = 0.2$,$R_1 = 0.3$,$P_1 = 0.65$,$P_2 = 0.2$,$P_3 = 0.25$,$L = 7$,$\beta = 0.5$,$F = 0.6$。该情形下,安全管理者策略选择曲线趋于0,管制员策略选择曲线趋于0,表明安全管理者对管制员进行弱监管,管制员选择违章行为,双方长期博弈的均衡策略为"违章行为—弱监管",如图6-3(c)所示。这是一种"不良锁定"模式,需要引导系统向着预期方向"遵章行为—弱监管"努力。

4)根据 $\alpha T - P_4 > -P_5$ 且 $R_1 - P_1 < R_2 - P_2 - P_3$(情形4),令参数 $\alpha = 0.8$,$T = 1.3$,$P_4 = 9$,$P_5 = 8.5$,$R_2 = 0.2$,$R_1 = 0.3$,$P_1 = 0.65$,$P_2 = 0.2$,$P_3 = 0.25$,$L = 7$,$\beta = 0.5$,$F = 0.6$。在该情形下,博弈双方策略选择曲线处于周期震荡状态,无法稳定,即系统未能形成长期博弈的稳定策略,这与局部稳定性分析结果一致,如图6-3(d)所示。

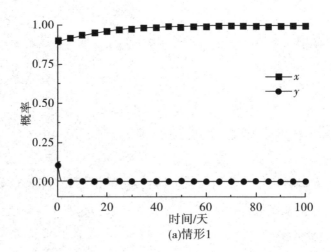

(a)情形1

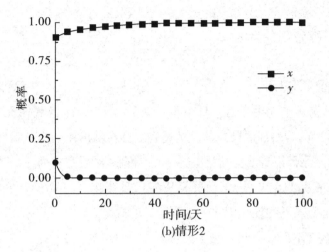

(b)情形2

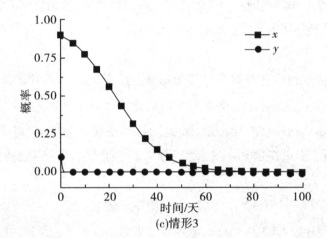

(c)情形3

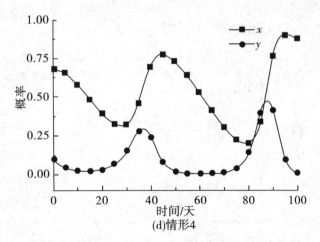

(d)情形4

图6-3 情形1~4下博弈双方策略选择的演化过程

6.5.2　模型参数分析与调控

仿真模拟表明情形 3 下系统会陷入"不良锁定模式",情形 4 下系统存在混合策略纳什均衡点,但是非渐进演化中心点。针对情形 3 的"不良锁定模式",需要探索使系统朝向"遵章行为—弱监管"的理想模式演化的路径。针对情形 4 的震荡状态,有必要设计监管机制以提高在该混合策略演化结果下遵章行为的平均概率。因此,针对情形 3 和情形 4 下的复杂演化,根据约束条件,下面分析模型参数变化对遵章行为演化结果的动态影响,提升不良锁定模式下和震荡模式下遵章行为的概率。

(1)不同参数对情形 3 下演化结果的影响

管制员行为收益和成本的高低决定着团队规范的性质,进而影响着管制员行为策略的选择,因此需要研究其行为收益和成本变化对情形 3 下系统演化结果的影响,如图 6-4 所示。

1)管制员行为收益变化对演化结果的影响。违章收益 R_2 变化对演化结果的影响。数值模拟如图 6-4(a)所示,令违章行为收益 R_2 分别取值为 0、0.1、0.2、0.3,其他参数不变。如果管制员违章收益较大,负团队规范会较强,系统会演化至"违章行为—弱监管"模式。反之,随着管制员违章收益减小,正团队规范会增强,系统会演化至"遵章行为—弱监管"的理想模式。

遵章行为收益 R_1 对演化结果的影响。数值模拟结果如图 6-4(b)所示,令遵章行为收益 R_1 分别取值为 0.2、0.3、0.4、0.5,其他参数取值不变。当遵章行为收益较小时,负团队规范较强,管制员迫于压力会偏向于采取违章行为;相反,随着遵章行为收益的增加,系统会发生改变而转向"遵章行为—弱监管"。

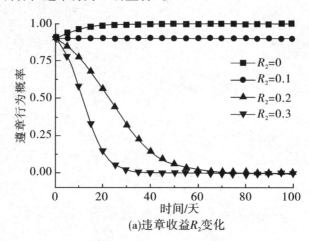

(a)违章收益 R_2 变化

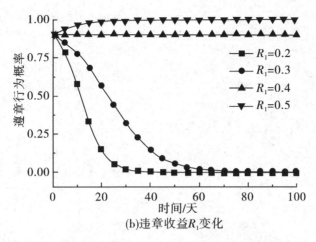

(b)违章收益R_1变化

图6-4 管制员行为收益变化对演化结果的影响

2)管制员行为成本变化对演化结果的影响。违反负规范成本P_1变化对演化结果的影响。分别令$P_1 = 0.45$、0.55、0.65、0.75,其余参数取值不变。仿真模拟博弈双方策略选择的演化过程,如图6-5(a)所示。从图6-5(a)可以看出,随着管制员违反负的团队规范而采取"遵章行为"所付出的成本P_1的降低,系统会演化至"遵章行为—弱监管"。

违反规章制度成本P_2变化对演化结果的影响。如图6-5(b)所示,分别令$P_2 = 0.1$、0.2、0.3、0.4,其他参数取值不变。当管制员采取"违章行为"违反规章制度而付出的成本较低时,系统会向着"违章行为—弱监管"演化。反之,随着违反规章制度而付出的成本的增加,系统演化至"遵章行为—弱监管"的理想模式。

违反正规范成本P_3变化对演化结果的影响。数值模拟结果如图6-5(c)所示,违反正的团队规范而采取"违章行为"所付出的成本P_3取值分别为0.15、0.25、0.35、0.45,其他参数取值不变。当违反正的团队规范而采取"违章行为"所付出的成本减少时,系统会转向"违章行为—弱监管"。相反,如果违反正的团队规范而采取"违章行为"所付出的成本较大,系统会向着"遵章行为—弱监管"模式演化。

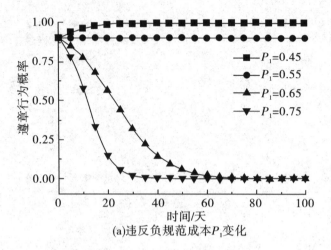

(a)违反负规范成本P_1变化

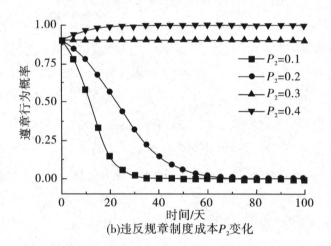

(b)违反规章制度成本P_2变化

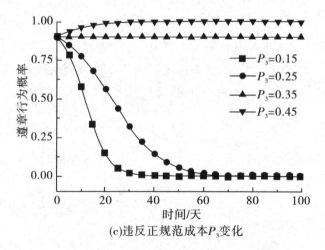

(c)违反正规范成本P_3变化

图6-5　管制员行为成本变化对演化结果的影响

（2）不同参数对情形 4 下演化结果的影响

局部稳定性分析结果表明，"违章行为"被安全管理者发现的概率 α、安全管理者进行"强监管"时对监查到的管制员"违章行为"的处罚 T、安全管理者进行"强监管"而付出的成本 P_4、安全管理者进行"弱监管"而付出的成本 P_5 与管制员混合策略纳什均衡有关，因此对以上参数进行调控以提高遵章行为的平均概率。

1）"违章行为"被安全管理者发现的概率 α 的影响。将 α 分别取值为 0.6、0.7、0.8、0.9，其他参数不变，数值模拟如图 6-6 所示。结果显示，遵章行为的平均概率分别为 0.403、0.406、0.444、0.529。从以上分析结果可以看出，"违章行为"被安全管理者发现的概率越大，管制员遵章行为概率的变化幅度越小，遵章行为的平均概率越大。

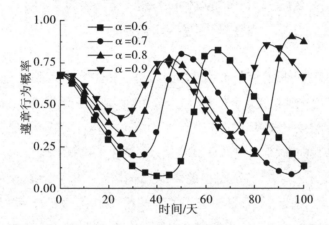

图 6-6　被安全管理者发现的概率 α 变化对演化结果的影响

2）安全管理者进行"强监管"时对监查到的管制员"违章行为"的处罚 T 的影响。T 分别取值为 1、1.1、1.2、1.3，其他参数不变，模拟结果如图 6-7 所示。结果显示，遵章行为的平均概率分别为 0.403、0.406、0.444、0.529。随着对监查到的管制员"违章行为"处罚力度的增加，管制员遵章行为概率的变化幅度变小，平均概率增大。

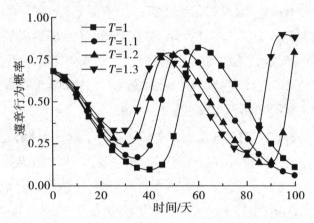

图6-7　对监查到的管制员"违章行为"的处罚 *T* 变化
对演化结果的影响

3）安全管理者进行监管而付出的成本的影响。安全管理者进行"强监管"而付出的成本 P_4 的影响。P_4 分别取值为8.6、8.8、9、9.2，其他参数不变，模拟结果如图6-8（a）所示，遵章行为的平均概率分别为0.890、0.706、0.529、0.404。安全管理者"强监管"而付出的成本越高，越倾向于"弱监管"，管制员遵章行为的平均概率越低。

安全管理者进行"弱监管"而付出的成本 P_5 的影响。P_5 分别取值为8.1、8.3、8.5、8.7，其他参数不变，模拟结果如图6-8（b）所示。结果显示，遵章行为的平均概率分别为0.128、0.404、0.529、0.706。当"弱监管"而付出的成本增加时，安全管理者的行为策略会转向"强监管"，同时管制员采取遵章行为的平均概率也会提高。

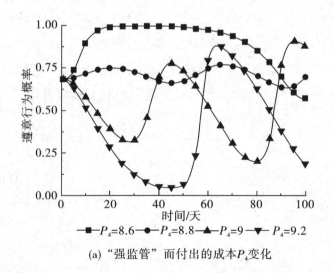

(a) "强监管"而付出的成本 P_4 变化

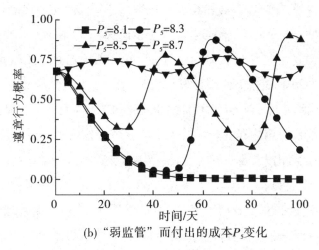

(b)"弱监管"而付出的成本P_5变化

图6-8　监管付出的成本对演化结果的影响

通过从理论和仿真实验两个方面研究了团队规范下管制员违章行为的监管问题,得出以下结论。

管制员违章行为演化结果受多种因素的影响,其中团队规范对管制员违章行为的减少具有重要的影响作用,通过设计科学合理的监管制度并予以落实,能够使系统从"不良锁定"模式转变为理想模式。为促使管制员积极采取遵章行为,不能单方面通过惩罚来遏制违章行为,还应从管制员成员间的团队规范入手,以遵章行为利益为诱导,使得管制员主动放弃违章,转而追求获利更多的遵章行为,使班组团队作业的"社会环境"健康发展。

局部稳定性分析与相应的数值实验均表明,当管制班组中存在较强的正团队规范或较弱的负团队规范(情形1和情形2下),管制员"违章行为"的收益($R_2-P_2-P_3$)小于"遵章行为"的收益(R_1-P_1),无论安全管理者选择"弱监管"的收益大于还是小于"强监管"的收益时,系统均会演化至"遵章行为—弱监管"模式[图6-3(a)和图6-3(b)]。安全管理者应重视正团队规范的积极作用,引导管制班组形成正的团队规范。因此,空管安全管理者应关注管制班组中团队规范的性质和强度,分析影响因素及其作用机制,通过调控这些因素使系统演化至理想模式,从而使管制员遵章而不违章。例如,加强培训和管理副班管制员、优秀业务骨干,利用他们产生的号召力和影响力,形成正的团队规范。

在情形3下,管制班组中存在较强的负团队规范或较低的正团队规范($R_1-P_1<R_2-P_2-P_3$),系统分别会演化为"不良锁定模式"。模型参数变化对情形3演化结果的影响显示(图6-4和图6-5),减少违章行为收益R_2、增加遵章行为收益R_1、降低违反负规范成本P_1,会使负规范强度变弱,管制员选择"违章行为"的动机变小,系统会演化至理想模

式;增加违反规章制度成本 P_2 或增加违反正规范成本 P_3,会使正规范得到加强,管制员选择"遵章行为"的动机变大,系统演化转向理想模式。例如,缔造优良的班组安全文化氛围,使班组成员对违章行为进行否定性评价,班组成员之间互相监督、提醒、配合、确认。因此,违章者将清晰地感知到来自班组成员的否定性评价压力,并强烈地意识到组织文化与违章行为之间不可兼容的冲突,从而及时纠正违章行为并自觉遵章。

在情形 4 下,管制班组中存在较强的负团队规范或较低的正团队规范($R_1-P_1 < R_2-P_2-P_3$),系统分别会演化为"震荡模式"。模型参数变化对混合策略情形 4 演化结果的影响表明(图 6-6—图 6-8),"违章行为"被安全管理者发现的概率 α 越大、安全管理者进行"强监管"时对监查到的管制员"违章行为"的处罚 T 越多、安全管理者进行"强监管"而付出的成本 P_4 越低、安全管理者进行"弱监管"而付出的成本 P_5 越高,管制员遵章行为的平均概率越大。因此,加大对"违章行为"的处罚力度,降低"强监管"的成本,能够有效提高在该混合策略演化结果下遵章行为的平均概率。

第 7 章

民航管制员不安全行为风险控制策略仿真

　　根据前面章节的分析可知,管制员不安全行为风险因素包括环境因素、组织管理因素、不安全监管因素、管制员不良状态因素四大类,管制员不安全行为受到这些因素的综合作用和影响。对不安全行为风险的有效控制,应从不安全行为产生的原因出发,采取有针对性的控制对策。基于此,本章综合预警分析结果并根据前面研究得到的风险因素之间的关系制定风险控制策略,充分考虑控制策略与风险因素之间的相互关系,运用系统动力学构建管制员不安全行为风险控制策略仿真模型以期得到科学适用的控制策略,从而有效减少管制员不安全行为,防止管制原因导致的不安全事件的发生。

7.1　风险控制策略的制定

　　风险控制策略的制定为风险控制过程的核心工作之一,是风险控制阶段首要开展的内容,需要结合风险控制的原则来制定。制定不安全行为风险控制策略是风险控制的重要一环,是依据风险预警结果制定具体的不安全行为风险控制策略,通过风险预防对策和应急响应处理措施降低不安全事件或事故发生的概率和影响,从而增强空管的安全运行水平,推进安全绩效管理,促进我国民用航空运输业的健康快速发展。

　　大多数研究是从事故发生的过程或不安全行为产生的原因出发来制定不安全行为控制策略,从而控制不安全行为,包括 HFACS 模型、2-4 模型、STPA 等。HFACS 模型是在 Reason 模型的基础上开发的,认可了 Reason 模型的所有漏洞。应用 HFACS 模型,从事故发生的过程控制管制员不安全行为风险,识别环境、组织、监管、管制员状态 4 个环节中的漏洞,在此基础上可制定明确、有效的预防措施。第 3 章已采用扎根理论和 HFACS 模型识别了管制员不安全行为风险因素,构建了风险因素概念模型,在此基础上后面的第 4 章和第 5 章分别进行了监测预警和预测预警,为本章不安全行为风险控制策略的制定奠定了基础。鉴于此,本章将根据风险控制的系统性原则和针对性原则,在管制员不安全行为风险因素概念模型的基础上,进一步考虑环境、组织、监管、管制员状态风险因素之间的相互关系,结合预警分析结果,从组织管理和安全监管层面提出以下主要管制员不安全行为风险控制策略。

7.1.1　组织管理控制策略

(1)完善规章制度标准

根据预测变量重要性分析,组织过程为重要的指标要素之一,其中规章制度标准为组织过程的重要内容。首先,要完善规章制度标准,通过安全教育培训提高管制员的工作能力,使管制员避免遗忘(疏忽)某些管制指令、管制过失。其次,为降低管制员违章风险水平,同样应首先完善规章制度标准,通过安全教育培训提高管制员的工作能力,使管制员掌握安全知识和工作技能,具备较强的安全意识和责任心,从而避免其主动偏离规则、程序。具体而言,可以从一些方面来完善规章制度标准。例如,明确塔、进的管制协议、移交程序协议,健全安全教育培训制度和疲劳管理制度,合理划分各类管制员职责划分,制定完善的管制部门非常态运行情况下相关指挥工作程序,强制管制员使用辅助飞行进程单等。

(2)补充上岗管制员人数

上岗管制员人数为非常重要的组织管理层预警指标。根据调研和在线评论,民航空中交通管制行业存在管制员人才缺乏的现象,这在中小机场较为普遍,主要原因是工资待遇低,难于留住人才,因而应上岗管制员的人数与现有具备独立上岗资质的管制员人数存在较大差距,容易产生安全隐患。人才缺乏和航班量增加导致人均工作量加大,管制员不安全行为产生的概率增加。空管机构应根据飞行流量大小及时补充上岗管制员人数,根据月保障架次的增长相应提高管制员的薪酬待遇,提供良好的工作环境、上升空间、培训机会,从而吸引更多的管制员人才。此外,空管机构可以利用各种信息网络等渠道宣传自己,提升自己的知名度,使人才了解清楚机构经营状况,降低人才识别优劣的成本,坚定自己的求职信念。

(3)合理调整管制津贴水平

在预测预警指标要素中,管制津贴合理度为重要的组织氛围因素。根据管制员所在单位、级别的不同,调整管制津贴水平,使其与保障架次、岗位职责等相匹配,从而提高管制员工作积极性。访谈和在线评论均表明部分中小机场管制员薪酬待遇不包括小时费,薪酬待遇由基本工资和绩效共同构成,但总的薪酬水平基本是固定的。这会导致管制员认为不论工作量多少,薪酬待遇均没有很大差别,因而消极怠工。民航空管局已经上调一线管制员小时津贴标准,部分中小机场可以根据扇区复杂程度、管制员工作负荷和岗位职责等进一步调整管制津贴水平,使管制津贴差异化,从而提高管制员的工作积极性和工作热情,减少不安全行为。

7.1.2　安全监管控制策略

(1)改进安全教育培训

监管的充分性是较为重要的预警指标要素,在预测管制员不安全行为上发挥着重要作用,其指标层面上的安全教育培训非常重要。人才培养是最具有价值的投资,通过安全教育培训能够激发员工与工作相关的现实能力与潜能,使员工得到充分发展。初入职的员工,尤其是新生代员工,其可塑性较强,善于通过观察和模仿单位老员工的行为来塑造自己的行为方式,因此对他们进行适当的培训有助于其在以后的工作中表现出更多的角色内外行为。在改进安全教育培训方面,一方面通过定期考察,使培训避免流于形式,同时将安全教育培训作为一项安全绩效指标,对该指标进行监控,当其超出阈值时发出预警信息。另一方面,评估培训中是否存在的问题,针对存在的问题,相关科室或部门采取措施跟进并进行相应的追加培训。

(2)合理分配工作负荷

工作负荷度为非常重要的预警指标,属于要素层上的监管的充分性,在监测预警和预测预警上均具有重要作用。针对空管分局,通过增加管制单位的席位和协调位岗位互换频次,缩短航班量增长、雷雨天和夜班等特殊情况下的执勤期,减少管制员的工作时间,从而减轻其工作压力和疲劳,降低管制员失误产生的可能性。针对中小机场,合理划分管制员工作职责,使其重点管制工作,减少机场配载、安检、配餐等工作,避免因监控不力造成的失误。此外,还可以通过补充管制员人数,减少管制员人均负荷。

(3)加强现场值班纠正违规

在要素层问题纠正上,现场值班纠正违规比较重要。应加强现场值班纠正违规,使带班主任和教员纠正注意力分配不当问题,从而避免因注意力分配不当造成的指挥失误。通过加强现场值班纠正违规,及时制止席位聊天、不良的操作习惯、在工作席位上使用手机等现场不良工作秩序,使班组成员对违章行为进行否定性评价,班组成员之间互相监督、提醒、配合、确认。因此,管制员将清晰地感知到来自班组成员的否定性评价压力,并强烈地意识到组织文化与违章行为之间不可兼容的冲突,从而自觉遵守。管理者事先制定好观察列表内容,每一次观察的时间要持续一段时间,随时纠正不安全行为,培养管制员良好的行为习惯,减少管制过程中的人为失误。

(4)加强安全管理

对安全管理的重视程度是比较重要的预警指标,属于要素层监管违规。空管机构应加强监管者对安全管理的重视程度,定期执行质量安全检查计划,重视单位在安全运行监督检查中发现的问题并作出相关整改要求,认真落实相关要求,从而改善组织的安全绩效。采用此种方式可以营造安全氛围,使管制员主动提高自身的安全意识和责任心,从而避免违章。"无后果违章"是一种经常出现的违章行为,虽然没有产生后果,但其风险不容小觑。监管者应加强对"无后果违章"的认识,有效实施与执行相关管理职能,通过组织规范培训和安全责任意识培训,强调管制员要养成"严谨细致、遵章守纪"的工作作风,使管制员充分认识"无后果违章"的严重性,从而减少违章行为,改善个人安全绩效。

7.2　风险控制策略仿真方法的选择

制定好风险控制策略后还需要科学合理地分析控制策略的效果,以此作为控制策略选择的依据。根据预警管理的阶段及内容,风险控制策略选择为管制员不安全行为风险控制过程的一个重要环节。在这一环节中,对风险控制策略的科学有效性进行判断,对下一步的工作内容起着决定作用。通过对控制策略的研究,能够为空管机构实际应用提供参考以及具体的重要控制措施,从而实现对管制员不安全行为风险的高效控制。由于无法将控制策略在空管单位预先试用,也不能直接实施,因此对控制策略的模拟分析显得尤为必要,有利于对控制策略的效果进行对比分析,从而提高控制效果分析的效率,得出对不安全行为影响较大的控制策略。

HFACS模型是一种定性的人为因素分类方法,仅采用此模型不能定量分析控制策略的干预效果。系统动力学结合了定性分析和定量分析,基于系统论,具有控制论和信息论的精髓,在研究动态的、具有反馈关系的复杂系统方面具有显著优势。在将系统动力学应用到安全的文献中,有33%的文献将系统动力学用于分析策略和解决问题。例如,使用系统动力学模拟分析不同干预策略对管制员不安全行为的干预结果,运用系统动力学模拟民航机务维修人员不安全行为的干预策略的效果,综合使用分析网络过程和系统动力学模拟分析干预策略对煤矿工人不安全行为的干预作用。已有研究针对管制员不安全行为的干预策略仅分析了不同安全奖惩策略的干预结果。遗憾的是,鲜有研究将系统动力学用于模拟分析管制员不安全行为风险多种控制策略的干预效果,难以保证控制的系统性。管制员不安全行为风险控制系统是一个复杂的反馈循环系统,需要采用系统动力学方法。鉴于此,本章将采用系统动力学仿真分析不同控制策略的干预效果,从而为控制策略的制定和选择提供理论依据。

本章构建管制员不安全行为风险控制策略仿真模型并进行仿真分析的步骤如下:①确定系统边界,即系统分析涉及的对象和范围。②提出动态假设,包括绘制因果关系图,描述变量之间因果关系,绘制流图。③确定方程,设定变量的参数以便进行仿真实验。④测试,测试内容包括边界精度和结构检验、量纲一致性检验、参数验证、极端值检验。⑤政策设计与评估,即进行仿真模拟试验,模拟不同策略情境下系统的变化趋势。

7.3　风险控制策略仿真模型构建

7.3.1　系统边界界定

导致管制员不安全行为产生的原因有很多,不安全行为系统过于宽泛会使研究问题变得复杂,过于简单则会遗漏研究问题的某些重要影响因素。因此,需要确定研究系统的广度和深度即系统边界。第 2 章已界定了相关概念,第 3 章识别了管制员不安全行为风险因素。为减少不稳定因素的干扰,根据第 2 章和第 3 章内容系统的主要边界界定如下。

管制员是指在民航机构中负责空中交通管制的一线人员,通过无线电通信设备监视飞机的位置、高度、航迹,向飞行员发布指令,向有关单位通报飞行预报和动态,保障航空器安全有序地运行,从而维持飞行间隔,防止航空器之间或航空器与其他障碍物相撞。

模型主要研究管制员不安全行为风险,考虑环境、组织、监管、管制员状态 4 个方面对管制员不安全行为风险造成的直接和间接影响,不考虑政治、社会、经济和科学技术的影响。管制员不安全行为分为失误和违章两大类,是指在指挥航班的过程中出现偏离既定规则或目标,从而可能导致不安全事件或事故的行为。

7.3.2　因果关系分析

根据前面的研究和 SD 仿真的需要,确定管制员不安全行为风险控制系统的关键变量,包括环境因素、组织管理、安全监管、管制员不良状态、管制员失误风险和管制员违章风险。其中,组织管理、安全监管为管制员不安全行为风险控制策略内容。前面通过案例和在线评论,采用扎根理论和 HFACS 模型,得到了全面的管制员不安全行为风险因素,以及风险因素和不安全行为之间的总体因果关系。其中,组织影响和监管不足为控制层面上的风险因素。控制策略集的制定以此为依据,因此在管制员不安全行为风险控制系统中将它们分别改为组织管理和安全监管,同时修改其对应的子因素。风险因子之间存在直接和间接的因果效应,在绘制因果关系图时需要考虑。因此,在得到风险因素之间的关系后,需要对因果关系进一步分析,以得到子因素之间的关系。根据案例资料,结合已有的不安全行为相关成果,得出子因素之间的关系。根据它们之间的影响关系,得到管制员不安全行为风险控制要点及前置变量,如表 7-1 所示。其中,前置变量为影响控制要点的变量。

表 7-1　管制员不安全行为风险控制要点及前置变量

序号	风险因素	符号	控制要点	前置变量
1	物理环境	A1	机场内场环境影响运行次数	—
			通航飞行限制次数	—
			相邻管制区限制次数	—
			相似航班号出现次数	—
			空军活动限制次数	—
			飞行流量大小	
2	技术环境	A2	重要通导监视设备故障次数	—
3	机组因素	A3	机组协同失效次数	—
4	资源管理	B1	管制班组力量搭配合理次数	A1、A2
			上岗管制员人数	
5	组织过程	B2	班前/后讲评充分的次数	A2、A3
			规章制度标准的完善程度	
			夜班执勤时数符合规章要求次数	
6	组织氛围	B3	管制员编制率	B2
			管制津贴合理程度	
7	监管的充分性	C1	定期质量安全监督检查执行程度	A1、A2、A3、B2、B3
			安全教育培训符合要求次数	
8	监管违规	C2	监管者对安全管理的重视程度	B2
9	问题纠正	C3	现场值班纠正违规次数	A1、B1、B2、B3

续表 7-1

序号	风险因素	符号	控制要点	前置变量
10	运行计划	C4	工作负荷合理度	A1、A2、A3、B1、B2
11	业务能力	D1	安全知识不足程度	C1
			工作技能不足程度	
12	生理状态	D2	疲劳程度	C4
			身体状况不良次数	
13	心理状态	D3	安全意识和责任心欠缺性	A2、A3、C1、C2、C3、C4
			薪酬不满度	
			工作压力感知度	
			注意力分配不当次数	
			职业成就感不足度	
14	团队配合	D4	班组成员未提供有效配合的次数	C2、C3、C4

从控制角度来说,对管制员不安全行为风险控制是从环境因素、组织管理和安全监管开始。

1)制定完善的培训规章制度,一方面能够使安全教育培训更加符合要求,另一方面能够提升管制员的安全知识和工作技能,进而减少管制员失误,降低不安全事件率。

2)在飞行流量较大的情况下,增加上岗管制员人数,能够减少人均工作负荷度,降低工作压力感知度,进而减少管制员失误,降低不安全事件率。

3)当出现机场内场环境、通航飞行等影响管制运行时,带班主任以身作则,落实和加强现场值班纠正违规,及时发现、及时改正问题,关怀班组成员,加强沟通,从而促进班组成员提供的有效配合,进而减少造成管制员违章发生的机会,降低不安全事件率。

4)中小机场教员或带班主任不仅负责培训,还要承担一线管制工作,当管制津贴不合理时,则不会认真培训管制员,培训效果较差。反之,当管制津贴合理时,则会认真培训管制员,管制员的安全知识和工作技能将得到很大提升,从而减少失误。

通过分析"组织管理""安全监管""环境因素""管制员不良状态因素"与管制员不安全行为风险之间的因果关系,结合系统动力学因果关系图中变量命名的原则,绘制管制员不安全行为风险控制系统因果关系图,如图 7-1 所示。由图 7-1 可知,在管制员不安全行为风险控制系统中有 64 条反馈回路。

L1:组织管理+→规章制度标准的完善程度+→监管者对安全管理的重视程度-→班组成员未提供有效配合的次数+→管制员违章风险+→不安全事件率。

L2：安全监管+→现场值班纠正违规次数-→注意力分配不当次数+→管制员失误风险+→不安全事件率。

根据因果关系图得出的反馈回路，由"包含奇数个负因果键的反馈回路为具有内部稳定性的负反馈回路"可知，反馈回路均为负反馈回路。系统的反馈结构决定其行为，负反馈回路在本书中占主导地位，其中存在着时间延迟，因此系统会产生震荡。负反馈回路寻求平衡、均衡和停滞，能够抵制将系统状态偏离目标的扰动。因此，如果实际状态和目标状态之间有差异，系统将采取纠偏行动使系统状态回到目标状态。时间延迟将导致纠偏行动在系统达到目标状态后仍然继续，迫使系统调整过度，并且引发反方向的新的纠偏。在本书中系统的状态表现为不断向目标靠近，最后达到稳定状态。

例如，在反馈回路 L1 中，在复杂环境因素影响下，规章制度标准将补充完善，使监管者对安全管理更加重视，班组成员未提供有效配合的次数减少，管制员违章风险降低，从而不安全事件发生率降低。反过来，不安全事件减少后规章制度标准将不会继续完善，但外部环境仍在变化，监管者对安全管理的重视程度相应也将降低，安全氛围将不会那么浓厚了，班组成员之间将缺少互相监督、提醒、配合、确认，从而违章风险上升。因此，环境因素、组织管理、安全监管、管制员不良状态和管制员不安全行为风险相互作用，形成了一个动态复杂的综合系统。

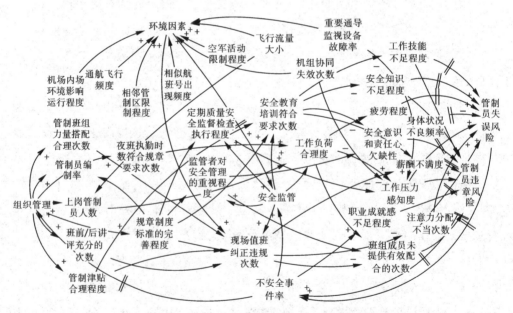

图 7-1　管制员不安全行为风险控制系统因果关系图

7.3.3 模型流图构建

构建因果关系图为系统动力学仿真的初始阶段,为一种定性分析,无法定量分析因素间的作用关系。因果关系图虽然能够表示系统中的反馈回路关系结构和过程,但不能显示各个变量的性质并描述系统管理和控制过程,进而不能准确地进行仿真得出科学的仿真结果。在因果关系图的基础上,根据变量在系统中的作用,将变量区分成不同的变量进而形成流图,从而实现因素间作用关系的定量分析。流图可以更直观地显示系统各要素之间的逻辑关系,反映系统的反馈形式和控制规律。Vensim PLE 是一个可视化建模工具,不仅能够构建水平变量、速率变量和辅助变量之间的因果反馈环,还能对模型进行检验、调试,深入模拟分析系统的行为机制。因此,利用系统动力学仿真软件 Vensim PLE,将管制员不安全行为风险控制系统因果关系图中的变量加以区分,构建管制员不安全行为风险控制策略仿真系统流图,如图 7-2 所示。组织管理为管制员不安全行为产生的深层促进,安全监管为中层防护,环境因素、管制员不良状态为管制员不安全行为促发因素,相互作用反馈,构成了管制员不安全行为风险控制模型。

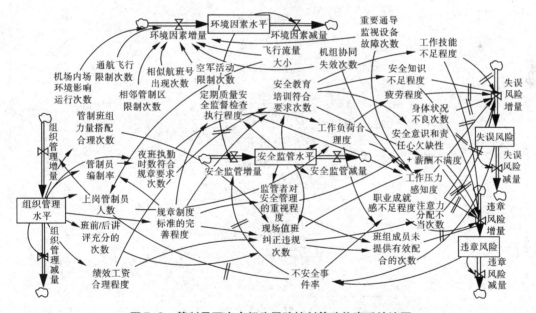

图 7-2　管制员不安全行为风险控制策略仿真系统流图

根据系统动力学建模方法,管制员不安全行为风险控制系统流图主要包括状态变量、速率变量和辅助变量,如表7-2所示。表7-2列出了SD模型中的主要变量名称和符号。状态变量,也可称为存量,是指变量的累积量。速率变量,也可称为流量,是指状态变量随时间的变化量,表示变化速率。变量集包括46个变量,其中有5个状态变量,10个速率变量,31个辅助变量。

表7-2 主要变量集

变量类别	变量名称	符号
状态变量	环境因素水平	L_1
	组织管理水平	L_2
	安全监管水平	L_3
	失误风险水平	L_4
	违章风险水平	L_5
速率变量	环境因素增量	R_1
	环境因素减量	R_2
	组织管理增量	R_3
	组织管理减量	R_4
	安全监管增量	R_5
	安全监管减量	R_6
	失误风险增量	R_7
	失误风险减量	R_8
	违章风险增量	R_9
	违章风险减量	R_{10}
辅助变量	机场内场环境影响运行次数	A_{11}
	通航飞行次数	A_{12}
	相邻管制区限制次数	A_{13}
	相似航班号出现次数	A_{14}
	空军活动限制次数	A_{15}
	飞行流量大小	A_{16}
	重要通导监视设备故障次数	A_{17}
	机组协同失效次数	A_{18}
	管制班组力量搭配合理次数	B_{11}

续表 7-2

变量类别	变量名称	符号
辅助变量	上岗管制员人数	B_{12}
	班前/后讲评充分的次数	B_{13}
	规章制度标准的完善程度	B_{14}
	夜班执勤时数符合规章要求次数	B_{15}
	管制员编制率	B_{16}
	管制津贴合理程度	B_{17}
	现场值班纠正违规次数	C_{11}
	工作负荷合理度	C_{12}
	定期质量安全监督检查执行程度	C_{13}
	安全教育培训符合要求次数	C_{14}
	监管者对安全管理的重视程度	C_{15}
	安全意识和责任心欠缺性	D_{11}
	薪酬不满度	D_{12}
	工作压力感知度	D_{13}
	注意力分配不当次数	D_{14}
	职业成就感不足度	D_{15}
	疲劳程度	D_{16}
	身体状况不良次数	D_{17}
	安全知识不足程度	D_{18}
	工作技能不足程度	D_{19}
	班组成员未提供有效配合的次数	D_{20}
	不安全事件率	E

系统流图绘制和主要变量确定后,需要进一步确定模型方程。根据变量之间的逻辑关系和变量的类型,结合系统动力学对方程式的设定,构建变量间方程。由于状态变量是其速率变量的累积或积分,因此,采用积分公式表示状态变量方程。对于其他变量方程,以访谈、案例资料和在线评论为依据,结合不安全行为相关研究成果,确定变量之间的逻辑关系。模型中的部分方程式如下:

$$L_1 = \text{INTEGER}(R_1 - R_2, L_1 \text{初始值}) \tag{7-1}$$

$$L_2 = \text{INTEGER}(R_3 - R_4, L_2 \text{初始值}) \tag{7-2}$$

$$L_3 = \text{INTEGER}(R_5 - R_6, L_3 \text{初始值}) \tag{7-3}$$

$$L_4 = \text{INTEGER}（R_7 - R_8, L_4 \text{初始值}） \tag{7-4}$$

$$L_5 = \text{INTEGER}（R_9 - R_{10}, L_5 \text{初始值}） \tag{7-5}$$

$$R_1 = a_1 * A_{11} + a_2 * A_{12} + a_3 * A_{13} + a_4 * A_{14} + a_5 * A_{15} + a_6 * A_{16} + a_7 * A_{17} + a_8 * A_{18}$$

$$\tag{7-6}$$

$$R_3 = \text{DELAY1}（a_9 * E, \text{延迟时间}） \tag{7-7}$$

$$R_5 = \text{DELAY1}（a_{10} * E + a_{11} * L_1, \text{延迟时间}） \tag{7-8}$$

$$E = \text{DELAY1}（E \text{初始值} + a_{12} * L_4 + a_{13} * L_5, \text{延迟时间}） \tag{7-9}$$

$$C_{11} = a_{14} * B_{13} + a_{15} * L_3 + a_{16} * B_{11} + a_{17} * B_{14} + a_{18} * B_{17} + C_{11} \text{初始值} \tag{7-10}$$

$$C_{12} = a_{19} * B_{12} + a_{20} * B_{15} + a_{21} * L_3 + C_{12} \text{初始值} \tag{7-11}$$

其中，$a_1 \sim a_{21}$ 为使因变量变化的影响因素系数，表示影响因子对被影响因子的作用强度，取值范围均为 $0 \sim 1$。方程式(7-1)～方程式(7-5)为状态变量方程；方程式(7-6)～方程式(7-8)为速率变量方程；方程式(7-9)～方程式(7-11)为辅助变量方程；其中，方程式(7-7)～方程式(7-9)为延迟函数。

7.4 模型数据设定与有效性测试

7.4.1 仿真数据设定

在对模型进行仿真之前，需要设定方程式中变量的初始值。以国内某民航空管机构为研究对象，通过历史数据统计、访谈和专家咨询等方法收集数据，确定模型参数的初始值和影响系数。一些变量如"机场内场环境影响运行次数""重要通导监视设备故障次数""班组力量搭配不合理次数"等，具有历史数据，可通过民航空管机构已有的统计数据确定变量的初始值。对于"薪酬不满度"和"职业成就感知度"，通过对空管机构实地调研获取相关数据或采取专家咨询和访谈的方式得到相关数据。采用判断矩阵计算初始值设定中涉及到的影响系数，根据关系矩阵计算变量之间的影响系数。

根据对某空管机构的调研，管制员不安全行为平均每周发生次数为 3 次，被安全管理部门评估为中度警戒范围内。结合该机构的平均可接受程度，确定管制员不安全行为风险的 4 个警级和阈值，分别为：绿色无警[0,2]，为正常可接受；黄色轻警(2,3]，为轻度警告，需要安全相关部门及时关注并采取一般措施处理；橙色中警(3,5]，为中度警告，需要密切关注并及时进行整改；红色重警(5,9]，为重度警告，需要迅速采取措施进行干预并全面整改。

管制员不安全行为风险水平受多种因素的影响,对其控制的过程是复合动态的。为了更加清晰地描述其动态变化,结合实际情况,假设模型仿真起始时间为 0,仿真结束时间为 52,时间步长为 1,时间单位为周。

7.4.2　模型有效性测试

建立的模型是否能够有效地反映现实系统,直接影响着模型仿真和策略分析的质量,并且有效的模型可以很好地刻画现实行为趋势。为保证模型的有效性,在模拟之前需要对模型进行检验。本书通过边界精度、结构检验、量纲一致性检验、参数验证和极端值检验对所构建模型的实用性与科学性进行讨论。

(1)边界精度和结构检验

在系统动力学模型构建之前,通过不安全事件案例、对空管专家的访谈,整理归纳影响因素。通过在线评论,补充遗漏的影响因素,并排除了相关度低的外生因素。与空管专家面谈,对模型的假设进行讨论,检查模型的合理性。此外检验了变量的设置。首先,根据各类变量的定义检查了其他变量。其次,检查了所有变量的设置是否为名词或名词短语,是否具有清晰的方向感。最后,根据系统动力学建模的要求和研究内容,检查了变量之间的关系。检验结果表明,模型假设合理、影响因素考虑充分、变量的函数关系式合理。因此,模型的结构符合建模目的,具有合理性。

(2)量纲一致性检验

量纲一致性检验是验证模型的合理性和有效性的方法,能够检验变量单位的一致性和方程构建的合理性。在模型运行之前要对其量纲进行检验,验证每个方程的量纲是否统一。如果模型中出现量纲不一致的情况,那么该模型将无法运行。本书采用 Vensim 软件量纲测试功能进行自我检验,结果表明模型通过了量纲一致性检验,保证了各方程式等号两边的量纲一致。

(3)参数验证

模型中使用的参数数值来源于对访谈调研获取的资料。本书研究的变量如"机场内场环境影响运行次数""重要通导监视设备故障次数""班组力量搭配不合理次数"等是可测量的变量,在空管机构已进行了统计。这些变量已有历史数据。因此,通过历史数据统计获取数据,得到模型参数初始值。

（4）极端值检验

极端值检验是指检验在采用极端值的情况下,模型的响应是否依然合理。通过取消不安全事件率变化的延迟时间来进行极端值检验。将各变量的初始值和影响系数输入方程,仿真时间设置为52周,对管制员不安全行为风险控制模型进行仿真,得到不安全行为风险水平和不安全事件率的变化趋势如图7-3所示。随着控制策略对各影响因素的改善,不安全行为风险出现震荡,震荡幅度由大变小,最终达到稳定。相应地,不安全事件率也在震荡,最后达到稳定状态。总的来说,不安全事件率随着不安全行为风险水平的降低而降低,其变化并没有延迟,最终达到平衡,符合理论分析结果,模型通过极端值检验。

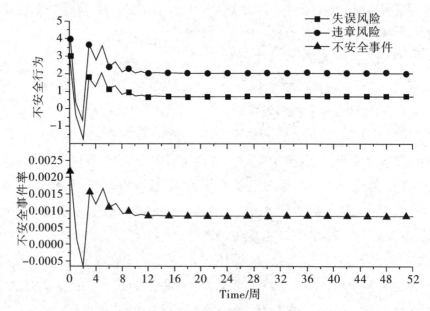

图7-3 极端情况下管制员不安全行为风险水平和不安全事件率

以上有效性测试表明模型通过了这4个测试,具有合理性和有效性。

7.5 模型仿真与结果分析

基于管制员不安全行为风险控制仿真模型,对风险控制策略进行测试。根据系统动力学原理,仿真模拟各个控制策略对管制员不安全行为风险的控制效果,为空管机构控制管制员不安全行为风险、优化安全行为风险管理体系提供一定的依据。本书从控制的角度出发,结合前面制定的风险控制策略,对模型中组织管理和安全监管子系统采用控制变量的方式进行模拟仿真,分别分析单一控制策略和组合控制策略的有效性。

(1)组织管理控制仿真

分别从上岗管制员人数、规章制度标准的完善程度、管制津贴合理程度 3 个方面,调整并仿真模拟控制强度,设定 3 个仿真情景:补充上岗管制员人数、完善规章制度标准、调整管制津贴水平,如表 7-3 所示。其中,基准情景设定为 Current 0,将各变量分别调增,其他因素不变,相应的系列情景为 Current 2、Current 3、Current 4。仿真时间设置为 52 周,步长设置为 1 周。

表7-3 组织管理控制仿真情景设定

情景	调节变量		
	上岗管制员人数	规章制度标准的完善程度	管制津贴水平合理程度
Current 0	60	7	63
Current 2	70	7	63
Current 3	60	9	63
Current 4	60	7	65

在以上 3 种情景下分析组织管理控制实施力度对管制员失误风险和违章风险的影响。仿真模拟图,如图 7-4 所示。通过分析管制员失误风险平均减少值,得出不同组织管理控制策略的影响程度,即某一控制策略增加,其他控制策略不变,得出管制员失误为风险的平均减少值,对比不同控制策略调增下管制员失误风险的平均减少值。结果显示,3 种情景下管制员失误风险的平均减少值分别为 0.0482、0.0545、0.0467,均高于基准情景下管制员失误风险的平均减少值 0.0440。从以上分析结果可以看出,在 52 周内,使管制员失误风险的平均减少值从大到小的组织管理控制策略依次为完善规章制度标准、补充上岗管制员人数、调整管制津贴水平。

在不同组织管理控制情景下对管制员违章风险进行仿真,如图 7-5 所示。通过分析管制员违章风险的平均减少值,得出不同组织管理控制策略对管制员违章风险的影响。结果表明,管制员违章风险平均减少值为 0.0398、0.0499、0.0400,均高于基准情景下的管制员违章风险平均减少值 0.0373。从分析结果可以看出,在相同时间内,完善规章制度标准、调整管制津贴水平、补充上岗管制员人数对管制员违章风险的影响依次减小。

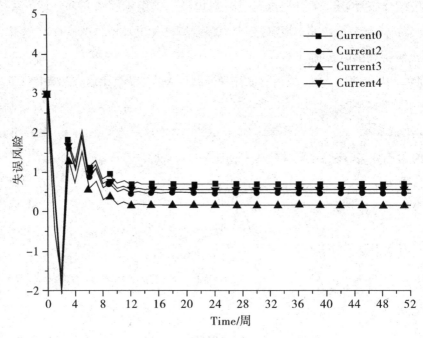

图7-4　不同组织管理控制下管制员失误风险的仿真

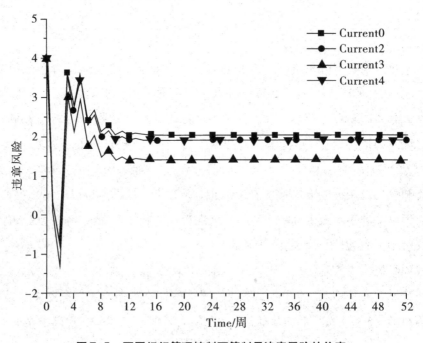

图7-5　不同组织管理控制下管制员违章风险的仿真

（2）安全监管控制仿真

分别从现场值班纠正违规次数、工作负荷合理度、安全教育培训符合要求次数、监管者对安全管理的重视程度4个方面，调整并仿真模拟控制强度，仿真情景设定，如表7-4所示。其中，基准情景设定为 Current 0，将各变量分别调增，其他因素不变，相应的系列情景为 Current 5、Current 6、Current 7、Current 8，即加强现场值班纠正违规、合理分配工作负荷、改进安全教育培训、加强重视安全管理。仿真时间设置为 52 周，步长设置为 1 周。

表7-4　安全监管控制仿真情景设定

情景	调节变量			
	现场值班纠正违规次数	工作负荷合理度	安全教育培训符合要求次数	监管者对安全管理的重视程度
Current 0	12	0.26	4	0.62
Current 5	15	0.26	4	0.62
Current 6	12	0.46	4	0.62
Current 7	12	0.26	6	0.62
Current 8	12	0.26	4	0.82

在不同情景下分析安全监管控制实施力度对管制员失误风险的影响。仿真模拟图，如图 7-6 所示。结果显示，管制员失误风险的平均减少值分别为 0.0613、0.0482、0.0600、0.0471，均高于基准情景下管制员失误风险的平均减少值 0.0440。从以上分析结果可以看出，在 52 周内，使管制员失误风险的平均减少值从大到小的安全监管控制策略依次为加强现场值班纠正违规、改进安全教育培训、合理分配工作负荷、加强重视安全管理。

在不同安全监管控制情景下对管制员违章风险进行仿真，如图 7-7 所示。结果表明，管制员违章风险平均减少值为 0.0498、0.0408、0.0568、0.0407，均高于基准情景下的管制员违章风险平均减少值 0.0373。从分析结果可以看出，在相同时间内，改进安全教育培训、加强现场值班纠正违规、合理分配工作负荷、加强重视安全管理对管制员违章风险的影响依次减小。

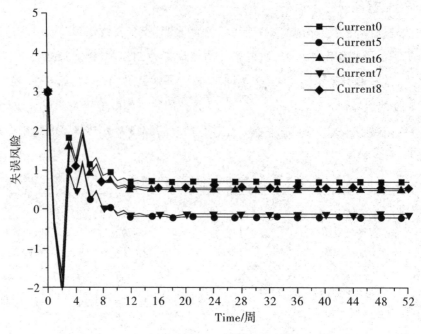

图7-6 不同安全监管控制下管制员失误风险的仿真

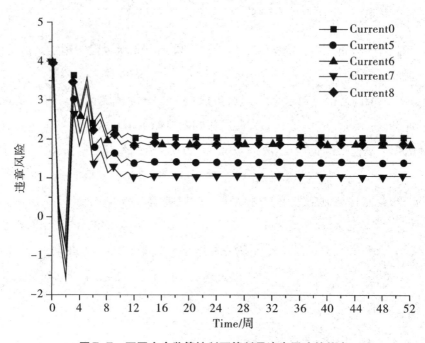

图7-7 不同安全监管控制下管制员违章风险的仿真

（3）组合策略控制仿真

根据反馈环中控制策略与不安全行为风险之间的关系，从组织管理和安全监管两个层面构建5个控制策略组合，如表7-5所示。将各组合中的变量分别调增2，其他因素不变，相应的系列情景为 Current 9、Current 10、Current 11、Current 12、Current 13。

表7-5 组合策略控制仿真情景设定

情景	组合控制策略
Current 9	补充上岗管制员人数、合理分配工作负荷
Current 10	完善规章制度标准、加强现场值班纠正违规
Current 11	完善规章制度标准、改进安全教育培训
Current 12	完善规章制度标准、加强重视安全管理
Current 13	调整管制津贴水平、改善安全教育培训

不同组合策略控制下管制员失误风险的仿真模拟结果，如图7-8所示。在 Current 9 ~ Current 13 下，管制员失误风险平均减少值分别为 0.0525、0.0719、0.0706、0.0577、0.0600，均高于基准情景下管制员失误风险的平均减少值 0.0440。此外，失误风险水平的稳定值均为绿色无警。结果表明，在相同时间内，Current 10、Current 11、Current 13、Current 12、Current 9 对管制员失误风险的影响依次减小。

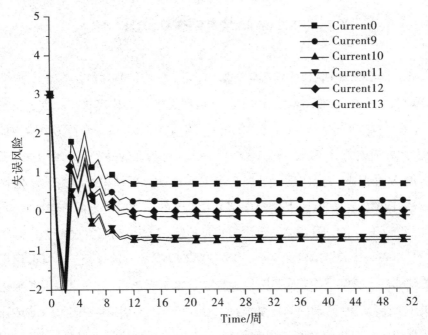

图7-8 不同组合策略控制下管制员失误风险的仿真

不同组合策略控制下管制员违章风险的仿真,如图7-9所示。在 Current 9 ~ Current 13下,管制员违章风险平均减少值分别为 0.0433、0.0624、0.0694、0.0533、0.0568,均高于基准情景下管制员违章风险的平均减少值 0.0373。违章风险水平的稳定值均为绿色无警。从结果可以看出,在相同时间内,对管制员违章风险的影响从大到小的组合策略依次为 Current 11、Current 10、Current 13、Current 12、Current 9。

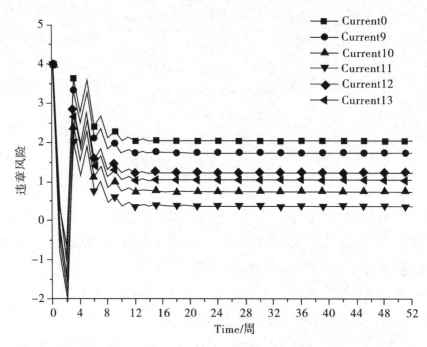

图7-9　不同组合策略控制下管制员违章风险的仿真

图7-4 ~ 图7-9表明,采取组织管理策略、安全监管策略和组合策略后,管制员不安全行为风险产生了震荡,震荡幅度由大变小,最后逐渐达到稳定状态。由于负反馈和时间延迟,空管机构采取控制措施后需要经过一段时间管制员不安全行为风险才能得到改善。然而,控制措施的时间延迟导致管制员不安全行为风险达到目标后仍然继续,迫使其调整过度,产生新的方向纠偏。这和因果关系理论分析结果是一致的。值得注意的是,在采取同样的控制策略下,管制员违章风险水平的平均减少值低于失误风险,而稳定状态值均高于失误风险。这说明违章风险较难控制,空管机构应重点关注。

管制员不安全行为风险的产生是一个复杂的、动态的反馈过程。本章采用系统动力学仿真方法构建了管制员不安全行为风险控制策略仿真模型,仿真模拟了各类控制策略对管制员不安全行为风险的控制效果,为管制员不安全行为风险控制策略的选择提供了依据。根据仿真分析结果,在组合策略控制下,管制员不安全行为风险下降较为显著,最后均处于绿色无警状态,这说明组合策略的控制效果较好。因此,组合策略能够提高管制员不安全行为风险控制的效果。针对降低管制员失误风险和违章风险,具体的组合策略不同。根据分析结果,违章风险较难控制,需要采取有效的组合策略进行重点控制。

将管制员不安全行为风险复杂系统与系统动力学仿真结合,研究系统的动态变化,从而使管制员不安全行为风险因素分析分别从静态、分散和定性向动态、系统和定量转化。理论和实践均表明建立的管制员不安全行为风险控制策略仿真模型,能够较好地模拟出管制员不安全行为风险动态反馈复杂性的形成机理,补充与拓展了目前管制员不安全行为风险控制的应用研究,为空管机构有效降低不安全事件率提供了新的视角。

针对管制员失误风险,根据组合策略控制效果的排序,排在前三位的组合策略依次为:完善规章制度标准,加强现场值班纠正违规;完善规章制度标准,改进安全教育培训;调整管制津贴水平,改善安全教育培训。对管制员违章风险的组合策略控制中,控制效果排在前三位的组合策略依次为:完善规章制度标准,改进安全教育培训;完善规章制度标准,加强现场值班纠正违规;调整管制津贴水平,改善安全教育培训。根据研究结果,空管机构可以采取完善规章制度标准、加强现场值班纠正违规、加强安全教育培训、调整管制津贴水平等组合策略,实现对管制员不安全行为风险的有效控制。

第 8 章
民航管制员不安全行为风险控制体系

根据第 7 章风险控制策略仿真分析,得出组合策略的控制效果最好,其中完善规章制度标准、加强安全教育培训为最优策略。目前,这些控制策略在空管日常的安全风险管理中也得到了高度的重视。但是,要想提高管制员不安全行为风险管控水平,进一步筑牢管制员不安全行为风险控制屏障,不仅要从微观方面入手,还要从宏观方面进行努力,还需要可行的风险控制实施框架。一方面要完善管制员不安全行为风险管理体系,另一方面还要制定有效的管制员不安全行为风险控制措施,实现管制员不安全行为风险的宏观和微观上的系统化管理,从而提高管制员不安全行为风险管控能力。基于此,本章首先确定管制员不安全行为风险控制的目的和原则,然后运用 PDCA 动态循环控制方法,构建管制员不安全行为风险控制体系,进行优化管理和控制,并提出风险控制实施框架。

8.1 风险控制的目的与原则

为保证管制员不安全行为风险控制体系构建的科学性,应首先明确提出构建该体系的目标及原则,为构建管制员不安全行为风险控制体系提供规范性指导,实现管制员不安全行为风险的定量化管理。

8.1.1 风险控制的目的

管制员不安全行为风险为在一定环境下,由于某种因素的不确定性,管制员在指挥航班的过程中出现偏离既定规则或目标的可能性。因此,管制员不安全行为风险控制为采取一些手段和方法,针对影响管制员不安全行为的风险因素,有针对性地制定和实施控制措施,使管制员不安全行为在产生前发生改变,从而控制管制员不安全行为风险。据此,管制员不安全行为风险控制的目的为根据风险因素识别、预警的结果,采取科学、合理的风险管控对策,以在不安全行为发生前避免和降低风险因素带来的损害,从而有效降低不安全行为风险水平。

8.1.2　风险控制的原则

管制员不安全行为是由多种风险因素引起的,且这些风险因素之间存在影响关系,这使得管制员不安全行为风险控制较为复杂。为提高风险控制的有效性和科学性,应遵循以下原则。

(1)系统性原则

风险控制是一项复杂的系统工程,需要首先遵循系统性原则。系统性原则是指在风险控制的过程中,不仅要全面识别和整合风险因素,还要准确把握风险因素之间的影响关系,从联动的角度控制风险。风险管控对策的制定需避免"头痛医头,脚痛医脚",应当从整个系统里寻找解决方案,改善系统的有效性和提高系统风险抵御性。因此,风险管控方案的制定应当落到任务执行的每一个环节,而不能只落到具体执行人上。管制员不安全行为取决于环境因素、组织因素等多种复杂因素的影响,风险因素之间存在影响关系,在制定风险控制措施时需要考虑。前面的研究从环境、组织、监管、管制员状态各个层面分析了风险因素之间的关系,为系统进行风险控制研究奠定基础。

(2)针对性原则

针对性原则是指风险控制策略必须根据预警管理流程制定,即结合预警结果制定风险控制策略,不可全面撒网,更不能有漏网之鱼。针对不同风险程度进行分级管理与控制,依据不同风险程度采用不同级别的控制措施。风险控制策略制定是在预警分析之后进行,将分析结果分类整理,针对得到的风险源提出切实可行的风险控制策略。针对高风险程度的安全状态,管理人员和决策者必须重视起来,投入足够的人力、财力和物力资源全面排查隐患并及时整改,杜绝此类危害因素耦合作用下造成不安全事件或事故的发生。除了从根源危害入手及时整改管制运行安全现状,还要强化此类高风险程度场景的应急管理能力和应急预案,若未能及时消除隐患而导致不安全事件发生,也要最大程度地降低不安全事件造成的实际损失。针对其余风险程度的状态所采取的风险防控措施依据逐层递减原则进行设置。各级组织和职能部门依据职位职责要求,履行相应的风险防控职责。

（3）动态性原则

从环境因素、组织管理、不安全监管、管制员不良状态到管制员不安全行为产生是一个渐进的动态的过程。安全风险管理贯彻空管运行全过程，会根据时间、空间、状态的变化而持续变更，运行的不可重复性再一次强调了即使可以依据历史事故经验进行安全管理，但是更重要的是适应现实需求，实现风险的动态控制。因此，动态性原则为全过程管理，对不安全行为风险形成的全过程防控，同时在不同阶段根据不同的控制要点制定相应的动态管控对策，明确风险因素随时间和状态的变化、不安全行为风险随风险因素变化以及风险控制措施随整体动态变化，及时、合理、适用地采取风险控制方法，以在不安全行为风险产生之前将其消除。

（4）可操作性原则

可操作性原则即可实施性，是指制定的风险控制策略必须可行、适用，可操作的风险控制策略将提高控制的效果和效率。风险管控对策必须具备可实施性，制定出来的方案必须有落地的可能性。在可操作性原则下制定风险控制措施，将风险控制策略与空管机构实际安全行为风险管理策略结合起来，从而使风险控制策略切实可行。各个控制指标必须简单规范，符合客观实际水平，在实际使用中易于识别和掌握，并且能从实际中提取相关的信息，以有效反映不安全行为的风险程度。即控制指标应尽量易于量化处理，以便于判断及控制，用具体数值标示出限制的水平以及范围，采用的指标不宜过于抽象或者过于宽泛。

（5）多层次性原则

风险控制是一个连续性的过程，针对不同风险状态和风险因素应该使用一个主导的控制模式，多层次控制模式包括根本性、补充性、防止事故扩大、维护性、经常性、紧急性控制 6 种层次，依据不同风险因素及风险状态演化程度选择最贴合的层次控制方法。依据不同控制模式的内容可以简单地将其分类为基本风险管理、强化风险管理和应急管理 3 种。基本风险管理包括预防性质风险的补充性和维护性控制。强化风险管理包括具体可实施风险的根本性、防止事故扩大和经常性控制。应急管理包括对即将、已经发生、高风险程度风险的紧急性控制。风险控制过程是基本风险管理、强化风险管理和应急管理的持续和统一，这 3 种管理模式不是孤立或碎片化形式存在，而是以相互关联和补充模式作用于风险控制和管理全过程。在多层次控制的思维下，针对不同的风险状态和风险因素组合，将采取相应层次的控制措施，共同构建完整的不安全行为风险控制系统。

8.2　PDCA 循环分析

根据风险控制的系统性和动态性等原则,对管制员不安全行为风险控制体系的构建应采用系统动态的方法。PDCA(即 Plan、Do、Check、Act 首字母)思想由美国现代质量管理专家沃特·阿曼德·休哈特博士首先提出,后经美国全面质量管理专家威廉·爱德华·戴明改进形成 PDCA 循环理论,又称戴明环,并在日本对其推广,付诸实践。从PDCA 循环的过程和方法看出,它是在对管理目标、现状分析的基础上,制定具体的工作计划、方案及相关措施,通过检查的方式查找计划执行过程中的问题进行处置,然后进入下一轮的循环,逐步解决问题或提升工作质量。这样的方法与安全风险管理的思路不谋而和,PDCA 循环的方法也可应用安全风险管理,在多领域的全面质量管理中已经普及应用。例如,采用 PDCA 理论模型分析中小企业财务会计外包实施各阶段可能存在的风险隐患,同时提出完善中小企业财务外包风险控制体系的几项建议措施;利用 PDCA 方法,从供给和运营两个层面可构建公共文化服务政社合作全流程风险控制体系。

将 PDCA 循环模式应用于安全管理中,能将现场的安全风险管理转化为连续、动态,循环式的过程管理,从而减少不安全事件发生的概率,提高现场运行安全管理水平。PDCA 循环方法最主要的特点是循环运行模式,即每一次循环都会解决上次循环中未解决或新发现的问题,体现了全面质量管理持续改进的思想。因此,本书采用 PDCA 循环方法进行动态循环控制,进行优化管理和控制,实现管制员不安全行为风险动态控制。

PDCA 循环方法,即持续改进的循环模型,包含计划、执行、检查和处理四个主要阶段和流程,如图 8-1 所示:①在计划(Plan)阶段,确立切实可行的方针、目标及实施方案的细节,确定风险识别、预警以及提出措施等的具体方法。②通过执行(Do)阶段发现问题并分析原因,按照危险源识别评价结果进行安全防范技术措施的实施、执行等工作。③在检查(Check)阶段,按照安全计划的要求,检查阶段对问题进行评估并确认解决方案,验收危险源预防控制管理的进展情况。④在处理(Act)阶段根据危险源控制管理的实施,解决问题,提出建议,保证风险管理的顺利实施,并实现循环运行。

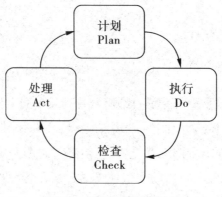

图8-1　PDCA 循环流程图

8.3　风险控制体系的构建

　　基于风险因素识别、监测预警和预测预警的结果为管制员不安全行为风险控制体系的建立提供了重要的铺垫,因此本章在此基础上结合 PDCA 循环方法提出管制员不安全行为风险控制体系。作为完整空管安全风险管理框架的一部分,风险控制阶段通过动员工作场所安全从业人员,依据潜在危害识别、隐患排查治理和风险状况评估实施的结果,针对性采取综合、系统的策略以优化空管安全运行工作的顺利进行,从而有效预防不安全事件或事故的发生。

　　为确保构建的管制员不安全行为风险控制体系符合空管安全风险管理要求,实时反映出空管运行过程中的各项不安全行为风险,以便及时采取措施防范并规避风险,在构建体系前需确定构建体系的基本路线,及时调整体系的基本要素,满足构建管制员不安全行为风险控制体系的要求。根据前面的理论分析,采用 PDCA 循环方法构建管制员不安全行为风险动态控制体系,进行动态循环控制,按照计划、执行、检查、处理进行优化管理和控制,分别对应"事前预防—事中控制—事后检查—评价反馈"的"四个阶段"。管制员不安全行为风险动态控制的流程图,如图8-2所示。

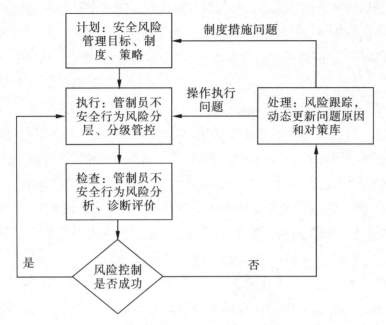

图 8-2　管制员不安全行为风险动态控制的流程

8.3.1　计划阶段

计划阶段的主要工作是制定风险控制计划,包括确定管制员不安全行为风险控制的目标和原则、工作制度和基本策略,确定风险识别、分析、预警以及提出措施等的具体方法。其工作内容主要有以下几点。

1)管制员不安全行为风险控制的目的为根据风险因素识别、预警的结果,采取科学、合理的风险管控对策,以在不安全行为发生前避免和降低风险因素带来的损害,从而有效降低不安全行为风险水平。

安全风险研判制度需要确定研判周期,根据监测指标的测量周期确定研判周期,包括年度、季度、月度、动态、日常。

2)风险识别的方法和思路为结合已有的管制员不安全行为风险因素,实时收集空管运行管理、管制业务操作等空管相关数据和在线评论数据,构建周期统计报表,查找存在的问题和隐患,进行风险识别。

3)基于控制图的方法进行监测预警,重点监测关联度较大的预警指标,与目标比较,若有偏差,及时调整。采用随机森林模型对管制员不安全行为风险进行预测,得到不安全行为的警情。分析产生问题的各种因素,找出主要的因素。

建立预警响应体系,根据风险评估情况判断预警指标的警级,采用不同的控制措施。将反馈控制与前馈控制相结合,根据预警分析结果和警级,从策略库中选择相应的风险控制策略,使人因风险降到可接受范围之内。若Ⅳ级为无警,处于安全状态,处理措施为常规监测;Ⅲ级为轻警,需要采取一般措施处理隐患并常规监测;Ⅱ级为中警,需要加大力度干预,同时密切关注,动态追踪重点监测,防止警情恶化;Ⅰ级为重警,是最高级别的警级,需要及时迅速采取相关措施进行干预,避免警情失控。一般采用类似交通信号灯的灯号显示法来直观显示警情,即绿色、黄色、橙色和红色四种标识,分别对应从低到高的四个风险预警等级。例如,在一年内管制协议、移交协议或疲劳管理制度等管制规章制度标准不完善影响管制运行的次数超出 2 时,为Ⅱ级轻警,应根据规章制度标准的具体内容,及时修正完善塔、进的管制协议、移交协议或健全疲劳管理制度,从而改善风险因素,防止下一年度同一风险因素造成空管不安全事件产生。

4)针对诱发问题的主要因素制定针对性措施、方案和目标。根据管制员不安全行为风险预警模型,综合预警分析结果,从组织管理和安全监管层面提出主要管制员不安全行为风险控制策略,建立风险控制策略库,论证其优缺点以便优化选择。

8.3.2　执行阶段

执行阶段要按照 P 阶段的目标和具体的方案、措施,认真落实要求,努力实现 P 阶段制定的内容,将管制员不安全行为风险分层、分级管控。这一阶段要贯彻落实计划阶段的安全风险控制措施和安全管理制度,使参与空管运行的安全管理人员、管制员等所有人员掌握计划阶段的任务,做到全面了解。

(1)风险分层认领

在建立完不安全行为风险库后,要将风险内容和控制措施明确到空管每一岗位、每一安全从业人员(高层管理者、安全管理人员、安全监察人员、管制员等)和具体业务,使每一名人员清楚风险来源、控制措施及个人职责。例如,管制员应具有按规定进行雷达/航空器/ADS-B 识别(管制),按规定为航空器配备安全间隔(管制)、按规定使用飞行进程单(管制)等工作职责。高层管理者应将安全作风建设工作纳入重要议事日程,研究解决安全作风建设中遇到的重大问题;加强安全管理组织机构和干部队伍安全作风建设;引导本单位安全从业人员积极支持、全面参与安全作风建设。

(2)风险分级管控

按照计划阶段预警响应体系中的 4 个等级,将管制员不安全行为风险分级管控,如表 8-1 所示。

表 8-1　管制员不安全行为风险分级管控内容

预警级别	预警等级	颜色	管控者	处理措施
Ⅳ级	无警	绿色	班组、岗位管控	常规监测
Ⅲ级	轻警	黄色	安全管理部、管制运行部、班组、岗位管控	采取一般措施处理隐患并常规监测
Ⅱ级	中警	橙色	空管机构、安全管理部、管制运行部、班组、岗位管控	加大力度干预,同时密切关注,动态追踪,重点监测,防止警情恶化
Ⅰ级	重警	红色	空管机构、安全管理部、管制运行部、班组、岗位管控	及时迅速采取相关措施进行干预,应立即整改,密切跟踪整改的进展,避免警情失控

1)对于Ⅳ级警情,为绿色无警,处于安全状态,班组、岗位管控,处理措施为常规监测。

2)Ⅲ级为黄色轻警,安全管理部、管制运行部、班组、岗位管控,需要采取一般措施处理隐患并常规监测。

3)Ⅱ级为橙色中警,空管机构、安全管理部、管制运行部、班组、岗位管控,需要加大力度干预,同时密切关注,动态追踪重点监测,防止警情恶化。

4)Ⅰ级为红色重警,是最高级别的警级,空管机构、安全管理部、管制运行部、班组、岗位管控,需要及时迅速采取相关措施进行干预,应立即整改,密切跟踪整改的进展,避免警情失控。

8.3.3　检查阶段

检查执行阶段是否按照计划阶段的措施、方案执行,有关方案、措施是否可行,执行中是否能够起到预期的目标。在执行阶段针对可能发生的事件或已经发生的事件,根据预警信号迅速有效地选择风险规避或风险降低对策并实施。跟踪风险控制对策的实施过程,判断风险控制是否成功,并如实记录检查的结果,验收危险源预防控制管理的进展情况。该阶段应建立并落实安全检查制度、风险分析制度、诊断评价制度,以保障检查阶段工作的有效运行。

（1）安全检查制度

明确监督检查项目、检查重点、检查次数等要求，及各级检查人员的检查要求。例如，管制业务部门层面要开展自查，对管制运行过程中存在的问题认真分析总结，分析产生问题的原因，并及时进行问题整改，对制度方面有问题的及时向空管安全管理人员反馈。空管安全管理人员对空管运行安全开展定期和不定期检查，检查人员是否落实检查要求。既要有阶段性的分析，又要掌握动态情况。

（2）风险分析制度

一方面，需要对产生的不安全行为问题进行具体分析，查找发生问题的原因，并制定有针对性的整改措施；另一方面，在不安全行为问题分析的基础上，对问题进行统计分析，掌握问题发生的规律，对安全问题形成数据化的报告，有助于利用已有信息判断不安全行为风险的未来发展趋势或状态。

（3）诊断评价制度

安全管理部可每半年组织对风险控制效果进行诊断评价。重点从管制员不安全行为风险研判是否存在疏漏、管控措施是否可行有效、责任是否具体明确、过程控制是否落实到位等环节进行诊断，查找漏洞和缺陷。通过全面准确研判管制员不安全行为风险、健全管控措施、丰富管控手段和方法，提高管制员不安全行为风险控制效果。

8.3.4　处理阶段

处理阶段是对检查的结果进行处理，即认真总结过程中的问题和取得的成绩，对管制员不安全行为风险控制好的做法进行总结并继续发扬继承，对存在的问题转入下一个循环，进一步进行解决。对管制员不安全行为风险进行动态循环优化管理，在本周期内执行上一循环提出的改进措施，并观察执行效果。

通过跟踪风险控制对策的实施过程，判断风险控制是否成功，如果风险控制失败，则为危机状态，同时相应的应急预案被启动，同时修订风险控制对策。对在管制运行中产生的新风险或者是未得到有效控制的风险，应通过诊断评价，查找问题产生是由于制度措施的原因还是执行的原因。根据产生问题的原因，动态更新风险和对策数据库，将风险转入计划阶段或执行阶段，由安全管理部组织，管制运行部持续跟踪，直到风险得到有效控制为止。当风险控制成功时，警患消除，评估并反馈风险控制效果，发扬好的做法。

管制员不安全行为风险影响因素繁多且不断变动，因此难以预料全部因素及其变化。当出现新的问题，且问题原因对策库中没有应对措施时，需要制定新的响应对策，并及时更新原因与对策库，直至实现空管安全风险管理目标。至此一次预警控制流程结束,接着继续进行风险识别,及时加入识别的新风险并剔除已解决的风险,进而形成一个循环的过程。

管制员不安全行为风险动态控制体系的框架,如图 8-3 所示。

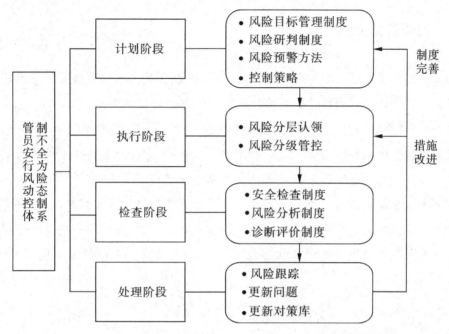

图 8-3　管制员不安全行为风险动态控制体系的框架

8.4　风险控制的实施

通过以上管制员不安全行为风险动态控制体系研究,根据民航管制员不安全行为风险预警与控制策略,借鉴当前一般的控制实施框架,综合考虑控制实施者和受控者,设计了基于预警分析的管制员不安全行为风险控制实施框架,如图 8-4 所示。该框架包括管制员不安全行为风险预警平台、风险分析中心、预警决策中心和应急指挥中心等内容。

8.4.1　管制员不安全行为风险预警平台

构建该平台是为协同多部门、多资源,以及风险识别、预警分析、应急决策等内容提供所需要的环境或条件。

　　有效实施风险控制的前提是以行为前控制为导向合理进行职能分工。建立风险分析中心、预警决策中心和应急指挥中心,将管制员不安全行为风险分层认领、分级管控,从而使得管制员不安全行为风险控制实施工作的开展有序进行。

8.4.2　风险分析中心

　　风险分析中心主要负责分析环境因素、组织因素、监管因素和管制员状态因素,从中识别警情。建立该中心的目的是有效利用科学的方法和技术识别管制员不安全行为风险因素,分析管制员不安全行为风险的产生规律和发展趋势,为管制员不安全行为风险控制奠定基础。收集管制、通导、气象和情报等多种内部数据及在线评论等外部数据,识别管制员不安全行为风险因素。融合互联网、信息技术等现代科学,将管制员不安全行为风险预警指标体系纳入到数字化信息系统中,通过信息系统采集管制员不安全行为相关数据信息。采用关联规则和随机森林等关联分析和非线性建模的方法,科学判断管制员不安全行为的未来发展趋势或状态,从而向预警决策中心报送预警信息和提出应对策略。

8.4.3　建立预警决策中心

　　建立预警决策中心的目的是提高预警的精度和预警控制活动有效性,该中心具有对预警信号的判断与发布及控制策略的优化选择两大职责。具体而言,其主要职责为负责向组织管理人员和安全监管人员等风险控制实施者发出精确的预警信息,同时从解决问题的供选对策中,利用现代决策方法选择、寻找科学合理的解决对策并传达决策建议,检查危险源预防控制管理的进展情况。组织管理人员和安全监管人员对风险控制策略进行实施,即通过正确有效的风险控制活动,使管制员不安全行为在产生前发生改变,保证空管运行维持在安全状态。这表明控制策略效果较好。如果风险控制活动失效与错误,则将采用应急管理模式进行控制,同时需检查和分析,并对控制策略存在的问题进行优化。

8.4.4　应急指挥中心

　　应急指挥中心负责特殊情况下的总体协调指挥和统一调度,包括协调管制中心、机场和航空公司等多方工作,其中管制中心包含管制部门、技保部门、气象部门等。特殊情况是指风险控制策略实施失效与错误时,在这种情况下应采用应急管理方式控制,直接对象是危机,对风险进行跟踪,直到空管活动恢复至正常状态。风险控制的结果与数据将反馈到风险分析中心内,用于优化和合理调整下一循环过程的预警控制活动。

总的来说,对管制员不安全行为风险控制的实施过程为:在日常运行中,风险分析中心进行风险识别,提交支持性决策。预警决策中心收到管制员不安全行为警兆信息后,判断与发布预警信息,根据预警信号迅速有效地从对策库中选择风险规避或风险降低对策,协调组织管理等部门做好风险控制。跟踪风险控制对策的实施过程,针对剩余风险修订风险控制对策,识别新的风险并剔除已解决的风险,从而减少管制员不安全行为,改善个人和组织的安全绩效。

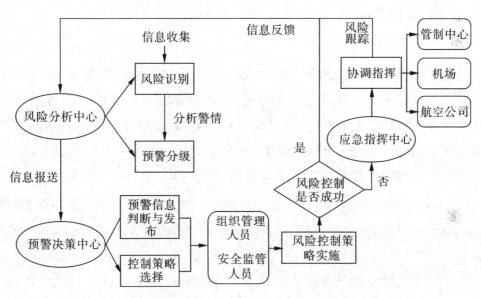

图 8-4　基于预警分析的管制员不安全行为风险控制实施框架

第 9 章

结论与研究展望

9.1　研究总结

　　本书根据管理实践难点和学术研究前沿,提出目前研究的不足,在前人的研究基础上,从管制员不安全行为风险预警控制现状出发,采用风险预警理论、事故致因理论、安全科学理论、行为科学理论、系统论和控制论等多种理论,解决管制员不安全行为风险预警和控制两大难题。通过开展的一系列的研究,全文总结如下。

　　(1)界定了管制员不安全行为风险预警的相关概念

　　在明确民航管制员的概念及工作特征的基础上,梳理并归纳了管制员不安全行为的概念及类型,总结了管制员不安全行为的特点,结合不安全行为风险的内涵,进一步界定了管制员不安全行为风险预警的内涵;阐述了 HFACS 模型等不安全行为致因理论,回顾了风险管理的构成和预警管理的发展,理清了预警管理的内容,梳理了演化博弈的发展和内容,为本书奠定了理论基础。

　　(2)识别了管制员不安全行为风险因素

　　在大数据背景下数据多种多样,风险识别应为综合性的,因此本书选用案例资料和在线评论作为素材,采用扎根理论和 HFACS 模型全面识别了管制员不安全行为风险因素,包括环境因素、组织管理、不安全监管和管制员不良状态,不安全行为表现为失误和违章。其中,状态因素为中间变量,其他因素间接影响管制员不安全行为风险的产生,导致不安全事件发生。不安全事件促使采取组织管理和安全监管对策,因此形成了一个动态复杂的管制员不安全行为风险综合系统,理清了目前空管安全从业人员安全作风问题。将 HFACS 框架和扎根理论结合,分析案例资料和在线评论。综合案例资料和在线评论的风险因素识别结果,能够得到概念和层次关系更加清晰和全面的管制员不安全行为风险因素概念模型,为分析空管安全从业人员安全作风问题分析提供思路。

(3)构建了管制员不安全行为风险监测预警指标体系

根据预警指标体系构建的原则,构建了管制员不安全行为风险预警指标体系。在风险因素识别的基础上,从目标层、准则层、要素层、指标层,初步设计了监测预警指标体系。通过专家权威度系数进一步筛选预警指标,采用专家问卷调查收集数据,计算参数值。结合空管单位现有的安全绩效指标等资料和专家意见,明确了指标的含义与计算公式。通过现场调研、专家咨询法,确定了预警指标的 4 个阈值。将预警指标分为两种:可直接实时监测预警的指标、记录周期较长的指标。"飞行流量大小""工作技能具备程度"等为实时监测预警指标。基于预警指标的测量方式、阈值和警级,可收集实时监测指标数据,借助控制图,结合异常数据的判断标准,分析管制员不安全行为风险是否处于失控状态。当监测指标超限时进行实时预警,为民航大数据建设奠定基础。

(4)构建了管制员不安全行为风险预测预警模型

分析不安全行为与风险因素之间的关联,为大数据背景下发展的必然趋势。本书在以往预测预警研究的基础上,选择了关联分析和非线性建模的方法,即关联规则挖掘和随机森林算法,对管制员不安全行为风险进行了科学的预测预警,得出了对预测较为重要的因素。根据关联规则挖掘的流程进行了管制员不安全行为风险关联规则挖掘,分析了后项为不安全行为的不同维度关联规则。在关联规则挖掘的基础上,运用随机森林算法,构建了随机森林预测预警模型,采用预测数据样本,分别预测了管制员失误和违章,将预测结果与实际数据进行对比,检验了预测结果的有效性,得出了对管制员不安全行为风险预测较为重要的因素。"业务能力"对管制员失误预测最重要,"监管的充分性"对违章预测的重要性最大。基于关联规则挖掘和随机森林模型,能够有效预测管制员失误和违章,根据阈值和警级向有关部门发出信号,报告危险情况,增强了目前空管作风建设和监督检查的针对性,促进民航数据的分析挖掘。

(5)分析了管制员违章行为安全监管的演化博弈

违章的风险因素更为复杂,违章更难被预测,因此综合运用演化博弈理论和系统动力学,建立了管制员与安全管理者之间演化博弈的系统动力学模型。将系统的演化分为四种情形,分析了四种不同情形下博弈过程策略选择演化,对违章行为收益、遵章行为收益、违反负规范成本、违反规章制度成本、违反正规范成本等模型参数进行了分析与调控。当管制班组中存在较强的正团队规范或较弱的负团队规范(情形 1 和情形 2 下),管制员"违章行为"的收益小于"遵章行为"的收益,无论安全管理者选择"弱监管"的收益大于还是小于"强监管"的收益时,系统均会演化至"遵章行为—弱监管"。在情形 3 下存在较强的负团队规范或较低的正团队规范,系统分别会演化为"不良锁定模式"。在情形

4 下管制班组中存在较强的负团队规范或较低的正团队规范,系统分别会演化为"震荡模式"。团队规范对管制员违章行为的减少具有重要的影响作用,通过设计科学合理的监管制度并予以落实,能够使系统从"不良锁定"模式转变为理想模式。

(6)提出了管制员不安全行为风险控制策略

综合预警分析结果,从组织管理和安全监管层面提出了管制员不安全行为风险控制策略。通过比较相关的控制策略仿真方法,选择系统动力学构建了管制员不安全行为风险控制策略仿真模型。在以往研究的基础上,采用系统动力学分别从组织管理、安全监管和组合策略3个方面仿真分析了管制员失误风险水平和违章风险水平,得出组织管理和安全监管组合策略控制效果最好。对管制员失误风险和违章风险控制效果最好的组合策略分别为:完善规章制度标准、加强现场值班纠正违规;完善规章制度标准、改进安全教育培训。采用系统动力学构建管制员不安全行为风险控制策略仿真模型,能够仿真分析控制策略的有效性,为空管机构对管制员不安全行为风险实施控制提供理论依据。根据研究结果,空管机构能够对管制员不安全行为风险进行有效控制,从而为民航安全从业人员作风问题管控提供思路,推动民航高质量发展。

(7)构建了管制员不安全行为风险控制体系

根据风险控制的系统性和动态性等原则,选择了 PDCA 循环方法对管制员不安全行为风险进行优化管理和控制。基于 PDCA 循环构建了管制员不安全行为风险管控体系,包括计划、执行、检查、处理4个阶段内容。计划阶段需要确定风险目标管理制度、风险研判制度、风险预警方法、控制策略。执行阶段应进行风险分层认领、风险分级管控。检查阶段应贯彻安全检查制度、风险分析制度、诊断评价制度。处理阶段工作包括风险跟踪、更新问题、更新对策库。最后,根据管制员不安全行为风险动态控制体系,借鉴当前一般的控制实施框架,给出了管制员不安全行为风险控制的实施框架。本部分内容有助于实现管制员不安全行为风险的宏观和微观上的系统化管理,从而提高空管机构的管制员不安全行为风险管控能力。

9.2 研究创新点

本研究的创新点包括以下4个方面。

(1)构建了管制员不安全行为风险因素概念模型

管制员不安全行为影响因素是多种多样的,然而以往研究更多关注了疲劳、工作任务等单方面因素,较少采用系统的方法从多个角度进行分析因素。本书从系统的角度出发,基于 HFACS 模型和扎根理论,从环境因素、组织管理、不安全监管、管制员不良状态等方面,得到了概念和层次关系更加清晰和全面的管制员不安全行为风险因素概念模型,补充与拓展了管制不安全行为风险的致因研究。

（2）设计了管制员不安全行为风险监测预警指标体系

以往研究较为关注空中交通管理系统的整体安全绩效指标,较少聚焦到管制员的工作行为及其预警指标。本书聚焦到管制员,设计了管制员不安全行为风险监测预警指标,采用专家权威度系数进行筛选,确定了关键预警指标测量方式、阈值和警级,具有针对性和可操作性,在丰富管制员不安全行为风险监测预警指标体系研究成果方面具有创新性,为民航大数据建设提供新的预警指标。

（3）基于关联规则挖掘和随机森林构建了预测预警模型

已有研究多采用神经网络等方法预测不安全行为,较少运用大数据的相关性预测方法。本书采用关联规则挖掘和随机森林算法,构建了管制员不安全行为风险预测预警模型,综合了大数据背景下的关联分析和非线性建模,在管制员不安全行为风险预测预警研究方法上具有开创性;采用预测数据样本验证性分析了模型的预测性能,挖掘到了一些有价值的关系和规律。

（4）将复杂系统应用于管制员不安全行为风险控制过程

管制员不安全行为风险因素之间存在复杂的交互关系,然而以往的控制研究忽视了它的系统性和复杂性。创新性地将管制员不安全行为风险复杂系统与系统动力学仿真结合,通过参数调节仿真分析了管制员不安全行为风险的关键控制策略;从不安全事件发生的过程预先控制管制员不安全行为风险,从而使控制过程由分散转化为系统,为空管机构有效降低不安全事件率提供了新的视角。

9.3 研究展望

对管制员不安全行为风险的研究是一个复杂而系统的课题,本书从风险因素识别、监测预警、预测预警和风险控制等方面,研究了管制员不安全行为风险预警及控制的一系列问题。由于研究时间和篇幅限制,且本人的精力、学术水平和研究条件的有限,有一些地方探讨不全面,本书研究内容的深入性等方面还存在不足,需要在后续的研究中进一步分析和探讨。

（1）扩大管制员不安全行为风险因素识别资料范围

本书收集的在线评论有限,未涉及国外的相关在线评论数据。在未来的研究中可以采集国外社交媒体上的在线评论,对比中西方文化和制度情境的差异,印证跨地域文化的风险因子或构建出独特的情境风险因子。本书采用社交媒体在线评论作为数据源之一,既有独特优势,也有局限性。使用社交媒体的群体多为年轻人,因此采用社交媒体资料更适合研究年轻管制员。在网络虚拟环境下,大多数网站允许用户匿名,在线评论呈现随意性、宣泄性的倾向,数据需要经过筛选。在未来的研究中,需要对在线评论进行干预或限制,比如给定评论的主题、指导语,以提高在线评论文本数据的质量。

(2)补充管制员不安全行为风险预测预警数据样本

有关管制原因导致的不安全事件案例资料收集工作存在一定的难度,本书收集的不安全事件历史数据有限,样本量较小,为提升模型预测的精度,需要采集更多的数据。通过对更多样本的学习,采取随机森林进行预测的准确性将会得到进一步提高。随着互联网、信息技术的快速发展,各种数据信息呈爆炸式增长,因此,有效利用大数据信息和人工智能预测管制员不安全行为风险是未来需要重点研究的内容。此外,虽然结果显示随机森林预测模型精确度较高,但是在统计分析的基础上进行的预测,仍然可能存在"虚警"。在实际应用过程中,可将预测结果作为一项参考值,同时结合专家的意见,对管制员不安全行为风险的未来发展趋势或状态做出科学的推断与判断。

(3)开展管制员不安全行为风险控制实施实践研究

本书提出了管制员不安全行为风险控制的实施框架,包括管制员不安全行为风险预警平台、风险分析中心、预警决策中心和应急指挥中心等内容。然而实施框架限定于理论层面,未应用到空管实践。为深入开展民航安全从业人员工作作风长效机制建设,需要对该框架的进一步细化和扩展将更好地指导实践,还需要应用到实践中进行检验。未来需要与空管机构相关部门进行密切配合,在实践的过程中结合实际实施情况,不断补充、调整、完善管制员不安全行为风险控制实施框架。

参考文献

[1]曹宏伟.流量管理过程中人为因素探析[J].民航管理,2023(4):58-62.

[2]高自亮,张建平,田小强.基于 HFACS-ISM 的空管不安全事件人因分析[J].交通运输工程与信息学报,2020,18(3):57-63.

[3]王燕青,吴伟杰.空中交通管制员不安全行为纠正[J].中国民航大学学报,2013,31(4):38-40,51.

[4]王霞.安全氛围、心理资本对空中交通管制员违章行为的影响[J].安全与环境学报,2017,17(6):2263-2267.

[5]吴聪,解佳妮,杜红兵,等.基于 HERA-JANUS 模型的空管人误认知分析[J].中国安全科学学报,2012,22(6):92-99.

[6]王永刚,叶仕强.民航管制员安全行为能力模型研究[J].安全与环境学报,2012,12(4):187-191.

[7]罗晓利,秦凤姣,孟斌,等.基于信息加工的管制人误分类分析模型研究[J].西安航空学院学报,2015,33(4):29-33.

[8]杨越,马博凯,曹宇轩.国外空管不安全事件中的人误风险分析[J].中国安全科学学报,2022,32(12):38-45.

[9]袁乐平,崔湘奇,赵力梵,等.基于认知的管制员监听差错影响因素[J].科学技术与工程,2023,23(12):5367-5372.

[10]赵琦.进近管制员监听错误的影响因素分析[J].中国安全科学学报,2017,27(7):105-109.

[11]王洁宁,庾睿.管制移交人误本体建模及 BN 诊断研究[J].中国安全科学学报,2018,28(6):67-72.

[12]唐历华,熊鹰,房林,等.空中交通管制员职业应激及其影响因素分析[J].中华劳动卫生职业病杂志,2022,40(9):668-673.

[13]刘福鳌,赵振武,徐桢,等.基于 HFACS 的管制员人因失误因素分析[J].科技创新与应用,2014(3):252-253.

[14]王晴昊,胡剑波,姚登凯.STPA 在进近着陆飞行安全分析中的研究及应用[J].系统工程理论与实践,2018,38(10):2703-2712.

[15]陈芳,郭娜,张新剑.管制员不安全行为干预策略研究[J].安全与环境学报,2018,18(1):193-198.

[16]王洁宁,张聪俊.飞机冲偏出跑道人为差错量化分析模型[J].安全与环境学报,2019,19(1):106-113.

[17]李敬强,李灏,王勇,等.初始管制员人因差错与神经系统特性相关性分析[J].中国安全科学学报,2017,27(3):13-18.

[18]袁乐平.空中交通管制员疲劳及工作负荷与失误的关系[J].中国民航大学学报,2018,36(6):31-33.

[19]赵嶷飞,万俊强.基于集对分析的空中交通管制运行风险评价[J].安全与环境学报,2018,18(3):871-875.

[20]姚光明,曹悦琪.基于大数据的空中交通管制运行安全预警研究[J].航空工程进展,2016,7(4):70-76.

[21]惠金有.基于警觉性能分析的管制员疲劳风险预测研究[J].民航管理,2019,3(3):55-58.

[22]王超,徐楚昕,王志锋.面向空中交通管制员疲劳识别的哈欠检测[J].安全与环境学报,2022,23(6):1-10.

[23]杨昌其,冯筱晴,张雨萱,等.基于语谱图的管制员疲劳状态检测研究[J].航空工程进展,2024(2):49-55.

[24]周航,王瑛.基于 GA-BP 算法的管制员人为差错风险评估模型[J].实验室研究与探索,2014,33(10):98-102.

[25]杨智,罗帆.空中交通管制班组安全行为风险告警阈值界定[J].工业工程,2012,15(81):1-7,50.

[26]杨智,罗帆.基于粗神经网络的管制员工作差错风险预警模型[J].中国安全科学生产技术,2011,7(12):44-50.

[27]高扬,朱艳妮.基于 HEART 方法的管制员调配飞行冲突的人为差错概率研究[J].安全与环境工程,2013,20(4):97-101.

[28]袁乐平,张兴俭.空中交通管制人因可靠性分析方法[J].中国安全科学学报,2017,27(9):98-103.

[29] 李敬强,李灏,赵宁,等.基于信息加工过程的管制人因差错概率量化方法研究[J]. 科学技术与工程,2017,17(10):68-73.

[30] 刘继新,冯思旭,李昌城,等.基于改进成功拟然指数法的管制员调配飞行冲突的人 因失误概率研究[J].人类工效学,2018,24(3):68-72,81.

[31] 陈芳,沈芮宇,杨诗琪.基于毕达哥拉斯模糊和改进TOPSIS的管制员人为风险评估 [J].安全与环境学报,2021,21(5):2093-2100.

[32] 杨越,张燕飞,王建忠.基于CREAM和贝叶斯网络的空管人误概率预测方法[J].中 国安全生产科学技术,2020,16(3):37-43.

[33] 王洁宁,庾睿.Onto-BN框架下空管任务差错耦合分析[J].安全与环境学报,2018, 18(6):2235-2240.

[34] 韩鹏,王军,王启,等.基于飞行剖面的航空器试飞活动空管风险研究[J].中国安全 科学学报,2022,32(1):149-156.

[35] 岳仁田,张知波.脆弱性多因素耦合作用下空管亚安全态识别[J].中国安全科学学 报,2022,32(4):8-14.

[36] 朱永文,陈志杰,蒲钒,等.空中交通智能化管理的科学与技术问题研究[J].中国工 程科学,2023,25(5):174-184.

[37] 王超,韩杏.空中交通管制组织安全文化量表优化设计及实证研究[J].安全与环境 学报,2022,22(1):235-241.

[38] 吴维,罗欣然.进近管制运行风险动力学演变机理与控制研究[J].安全与环境学报, 2023,23(1):153-161.

[39] 孟斌,罗晓利.基于关联规则的飞行机组人为差错原因分析[J].上海工程技术大学 学报,2017,31(3):233-237.

[40] 王永刚,张香瑜,宋真真.飞行员记忆与安全绩效的关系研究[J].中国安全生产科学 技术,2018,14(1):160-165.

[41] 高扬,宫一民.飞行机组人为差错风险分析方法研究[J].工业工程,2014,17(1): 1-6.

[42] 陈芳,卫微,张迪.组织因素对飞行员不安全行为的干预策略研究[J].中国安全生产 科学技术,2019,15(2):175-180.

[43] 郭海东,李慧民,陈旭,等.考虑内在影响关系的不安全行为组织管理控制模型[J]. 控制与决策,2020,35(3):704-712.

[44] 王永刚,杨洁.组织因素对民航维修人员安全行为的影响[J].安全与环境学报, 2017,17(2):560-564.

[45]陈芳,范丹红,刘凯凯.民航机务维修人员不安全行为干预策略研究[J].中国安全科学学报,2016,26(07):18-22.

[46]王永刚,李苗,刘凯凯.民航维修人员习惯性违章行为的 SD 建模研究[J].安全与环境学报,2017,17(1):204-209.

[47]施志坚,王华伟,徐璇.基于 CREAM 和贝叶斯网络的航空维修人为差错概率预测[J].中国安全生产科学技术,2015,11(4):185-191.

[48]陈勇刚,熊升华,贺强,等.民航机务维修不安全事件 N-K 风险耦合分析[J].中国安全科学学报,2018,28(2):104-109.

[49]李书全,冯雅清,胡松鹤,等.基于社会网络的建筑施工不安全行为关系研究[J].中国安全科学学报,2017,27(6):7-12.

[50]赵挺生,张淼,刘文,等.地铁施工工人不安全行为研究[J].中国安全科学学报,2017,27(9):27-32.

[51]王丹,关莹,贾倩.基于社会网络分析的建筑工人不安全行为传播路径研究[J].中国安全科学生产技术,2018,14(9):180-189.

[52]杨振宏,丁光灿,张涛,等.基于 SEM 的建筑工人不安全行为传播影响因素研究[J].安全与环境学报,2018,18(3):987-992.

[53]黄芹芹,祁神军,张云波,等.建筑工人习惯性不安全行为干预策略的 SD 模型[J].中国安全科学学报,2018,28(7):25-31.

[54]郭红领,刘文平,张伟胜.集成 BIM 和 PT 的工人不安全行为预警系统研究[J].中国安全科学学报,2014,24(4):104-109.

[55]郭聖煜,郭文会,宫培松.地铁施工工人不安全行为统计过程控制研究[J].中国安全科学学报,2018,28(7):153-158.

[56]王丹,关莹,宫晶晶.人力资源管理、心理安全感与矿工安全行为的关系研究[J].中国安全科学学报,2017,27(12):122-127.

[57]成连华,赵帅,吴锋,等.知识型和经验型矿工群体的不安全行为研究[J].中国安全科学学报,2017,27(12):1-7.

[58]李琰,杨森.行为经济学视角下矿工不安全行为仿真分析[J].中国安全生产科学技术,2018,14(1):18-23.

[59]田水承,孔维静,况云,等.矿工心理因素、工作压力反应和不安全行为关系研究[J].中国安全生产科学技术,2018,14(8):106-111.

[60]李磊,田水承.矿工不安全行为"行为前-行为中-行为后"组合干预研究[J].西安科技大学学报,2016,36(4):463-469.

[61]王秉,吴超,黄浪.一种基于安全信息的安全行为干预新模型:S-IKPB 模型[J].情报杂志,2018,37(12):140-146.

[62]郑侨宏,韩勇.基于多元联系数的矿工不安全行为风险态势评估[J].中国安全生产科学技术,2018,14(2):186-192.

[63]兰国辉,陈亚树,朱艳娜,等.复杂环境下矿工安全行为能力动态预警研究[J].煤矿安全,2016,47(7):254-256.

[64]刘林,梅强,吴金南,等.个体与情境因素如何促成员工低频安全违规行为?:基于个体-情境互动理论的组态分析[J].系统管理学报,2024(1):1-15.

[65]李永娟,徐媛媛,王莫冉,等.基于管理者安全管理行动的高风险企业安全氛围改善[J].心理科学进展,2023,31(1):33-44.

[66]刘林,吴金南,常志朋.安全违规行为的人际传染效应研究[J].中国安全科学学报,2021,31(8):22-29.

[67]刘林,梅强,吴金南,等.考虑双重传播路径的安全违规行为人际传染机理研究[J].安全与环境学报,2023,23(7):2372-2379.

[68]蔡治.大数据时代的人力资源管理[M].北京:清华大学出版社,2016.

[69]刘善仕,孙博,葛淳棉,等.组织人力资源大数据研究框架与文献述评[J].管理学报,2018,15(7):1098-1106.

[70]张敏,赵宜萱.机器学习在人力资源管理领域中的应用研究[J].中国人力资源开发,2022,39(1):71-83.

[71]李燕萍,李乐,胡翔.数字化人力资源管理:整合框架与研究展望[J].科技进步与对策,2021,38(23):151-160.

[72]姚凯,桂弘诒.大数据人力资源管理:变革与挑战[J].复旦学报(社会科学版),2018,60(3):146-155.

[73]周卓华.大数据和人工智能时代企业人力资源管理策略探析[J].领导科学,2020(12):98-101.

[74]侯烜方,邵小云.新生代员工情绪智力结构及其对工作行为的影响机制:基于网络评论的扎根分析[J].科技进步与对策,2017,34(10):111-117.

[75]唐春勇,刘东冉,敬永春.新环境下的员工需求维度构建:基于员工网络在线评论的大数据分析[J].管理现代化,2018,38(6):106-110.

[76]黄顺春,凌金云.基于扎根理论的企业非货币性薪酬激励路径[J].中国流通经济,2023,37(10):90-102.

[77]徐昆,赵东亮.餐饮连锁店员工离职倾向预测研究[J].合作经济与科技,2018(8):

172-175.

[78]李琰,刘珍,陈南希.基于矿工大数据的不安全行为主题挖掘与语义分析[J].煤矿安全,2023,54(9):254-257.

[79]顾正兵,罗晓利.民航空管班组资源管理[M].成都:西南交通大学出版社,2012.

[80]赵雷,柴国荣,宗胜亮.面向工程事故防控的违规操作行为扩散研究[J].系统管理学报,2017,26(3):448-455.

[81]李鹏,张杰.风险管理[M].上海:立信会计出版社,2019.

[82]张瑜.现金流视角下房地产企业财务风险预警模型研究[D].武汉:武汉科技大学,2019.

[83]刘洋,李琪,殷猛.网络直播购物特征对消费者购买行为影响研究[J].软科学,2020,34(6):108-114.

[84]骆紫薇,吕林祥.善因营销对消费者态度的影响及其理论解释[J].心理科学进展,2019,27(4):737-747.

[85]谢非.风险管理原理与方法[M].重庆:重庆大学出版社,2013.

[86]赵贤利.机场跑道安全风险演化机理研究[D].武汉:武汉理工大学,2017.

[87]杨智.空中交通管制安全风险预警决策模式及方法研究[D].武汉:武汉理工大学,2012.

[88]罗帆.航空灾害成因机理与预警系统研究[D].武汉:武汉理工大学,2004.

[89]付帅帅.基于系统动力学的跨境电商物流联盟运作风险演化博弈[D].北京:北京物资学院,2019.

[90]王文轲,蔡洁,陈曾洁,等.民航安全监管中的多方演化博弈研究[J].中国安全科学学报,2016,26(1):136-141.

[91]陈陶,冯文刚.基于演化博弈的民航安检有效性提升研究[J].复杂系统与复杂性科学,2023,20(4):77-84.

[92]袁佳,邵荃.基于演化博弈的民航旅客群体性事件处置策略[J].科学技术与工程,2021,21(19):8276-8282.

[93]谢玉华,李路瑶,覃亚洲,等.基于SOR理论框架的员工抱怨研究述评与展望[J].管理学报,2019,16(5):783-790.

[94]朱廷劭,汪静莹,赵楠,等.论大数据时代的心理学研究变革[J].新疆师范大学学报(哲学社会科学版),2015,36(4):2.100-107.

[95]刘雪元,李永娟,张凤,等.民航从业者工作压力研究:基于网络论坛资料的编码研究[J].人类工效学,2010,16(3):14-18.

[96]胡艳,许白龙.员工薪酬满意度对其安全行为的影响研究[J].中国安全科学学报, 2015,25(5):8-13.

[97]朱朴义,胡蓓.可雇佣性与员工态度行为的关系研究:工作不安全感的中介作用[J]. 管理评论,2014,26(11):129-140.

[98]胡艳,许白龙.工作不安全感、工作生活质量与安全行为[J].中国安全生产科学技术,2014,10(2):69-74.

[99]王丹,宫晶晶,关莹.代际视角下领导方式对建筑工人安全行为影响研究[J].建筑安全,2019,34(9):52-59.

[100]邱依珊,张云波,祁神军.二维视角下拆迁安置的社会稳定风险因素识别[J].华侨大学学报(自然科学版),2019,40(5):612-620.

[101]唐辛欣,罗帆.基于灰色聚类的机场跑道侵入人为风险综合评价[J].电子科技大学学报(社科版),2015,17(2):27-33.

[102]张莹,张弓.基于控制图的港口配煤比例监控研究[J].工业工程与管理,2020,27(6):1-10.

[103]郭娟.油气储运设施在线监测预警管理系统设计研究[D].大连:大连理工大学,2018.

[104]孙勇,钟卓玲,李璐.基于班组安全氛围的建筑工人不安全行为预测[J].中国安全生产科学技术,2019,15(8):156-161.

[105]陈珍,夏靖波,陈婉,等.基于关联规则的态势预测方法[J].空军工程大学学报(自然科学版),2016,17(4):85-89.

[106]王有元,周立玮,梁玄鸿,等.基于关联规则分析的电力变压器故障马尔科夫预测模型[J].高电压技术,2018,44(4):1051-1058.

[107]叶博嘉,鲍序,刘博,等.基于机器学习的航空器进近飞行时间预测[J].航空学报,2020,41(10):359-370.

[108]卢珏,孙云莲,谢信霖,等.基于改进组合预测的电能质量预警研究[J].电工电能新技术,2020,39(9):65-73.

[109]陈信同,李帮义,王哲,等.考虑要素投入与市场地位的物流联盟演化研究[J].运筹与管理,2019,28(7):64-71.

[110]程敏,刘彩清.基于系统动力学的拆迁行为演化博弈分析[J].运筹与管理,2017,26(2):35-41.

[111]赵贤利,罗帆.基于系统动力学的跑道侵入风险演化博弈研究[J].工业工程,2015,18(2):73-79.

[112]孙洪义.空中交通管制员的行为风险与防范思考[J].中国新通信,2014(13):92-93.

[113]赵爽,朱方伟,苏永孟.人力资源招聘中的逆向选择问题研究[J].现代管理科学,2017,295(10):30-32.

[114]赵曙明,张敏,赵宜萱.人力资源管理百年:演变与发展[J].外国经济与管理,2019,41(12):50-73.

[115]罗茜茜.基于文本数据的安全生产事故自分类模型与风险预控研究[D].徐州:中国矿业大学,2023.

[116]索智刚.车务段营业线施工管理安全风险评价应用研究[D].北京:中国铁道科学研究院,2022.

[117]梁爽.基于PDCA的中小企业财务会计外包风险控制[J].财会通讯,2018(11):107-110.

[118]李祝启,陆和建.我国公共文化服务政社合作供给和运营全流程风险控制研究:基于PDCA方法的分析[J].图书馆建设,2022(6):137-147.

[119]黄建陵,彭巍,华文鑫.地下工程安全风险管理与控制研究[J].铁道建筑,2012(1):77-79.

[120]MEZENTSEVA A,GRACIA F,SILLA I,et al. The role of empowering leadership, safety culture and safety climate in the prediction of mindful organizing in an air traffic management company[J]. Safety science, 2023, 168: 106321.

[121]MOHAMMADFAM I,MAHDINIA M,SOLTANZADEH A,et al. A path analysis model of individual variables predicting safety behavior and human error: the mediating effect of situation awareness [J]. International journal of industrial ergonomics, 2021, 84: 103144.

[122]SCHOPF AK,STOUTEN J,SCHAUFELI WB. The role of leadership in air traffic safety employees' safety behavior[J]. Safety science, 2021, 135: 105118.

[123]DURAND N, GOTTELAND J, MATTON N, et al. Understanding and overcoming horizontal separation complexity in air traffic control: an expert/novice comparison[J]. Cognition, technology & work, 2021, 23(3): 481-496.

[124]BONGO M, SEVA R. Effect of fatigue in air traffic controllers' workload, situation awareness, and control strategy[J]. The international journal of aerospace psychology, 2022, 32(1): 1-24.

[125]LI Q, NG K, YU SC, et al. Recognising situation awareness associated with different

workloads using eeg and eye – tracking features in air traffic control tasks[J]. Knowledge–based systems, 2023, 260: 110179.

[126]MÉLAN C,CASCINO N. Effects of a modified shift work organization and traffic load on air traffic controllers' sleep and alertness during work and non – work activities[J]. Applied ergonomics, 2022, 98: 103596.

[127] HEDAYATI S, SADEGHI – FIROOZABADI V, BAGHERI M, et al. Evaluating differences in cognitive functions and personality traits among air traffic controllers with and without error history[J]. Safety science, 2021, 139: 105208.

[128]JIA Z,QI F. Simulation research on the infection of unsafe behavior of employees based on social network[J]. Advances in computer, signals and systems, 2022, 6(5): 63-69.

[129]ZHU S,CHEN J. A study on human errors of air traffic controllers based on hfacs–ahp [J]. Journal of computational methods in sciences and engineering, 2023, 23(6): 2867-2878.

[130]MALAKIS S,PSAROS P,KONTOGIANNIS T,et al. Classification of air traffic control scenarios using decision trees: insights from a field study in terminal approach radar environment[J]. Cognition, technology & work, 2020, 22(1): 159-179.

[131]BAşPINAR B,BALAKRISHNAN H,KOYUNCU E. Optimization–based autonomous air traffic control for airspace capacity improvement[J]. IEEE transactions on aerospace and electronic systems, 2020, 56(6): 4814-4830.

[132]ALOMARI K,GAMBATESE J,NNAJI C,et al. Impact of risk factors on construction worker safety: a delphi rating study based on field worker perspective[J]. Arabian journal for science and engineering, 2020, 45: 8041-8051.

[133]ZHOU X,LU P,ZHENG Z,et al. Accident prediction accuracy assessment for highway–rail grade crossings using random forest algorithm compared with decision tree[J]. Reliability engineering and system safety, 2020, 200: 106931.

[134]MALAKIS S,PSAROS P,KONTOGIANNIS T,et al. Classification of air traffic control scenarios using decision trees: insights from a field study in terminal approach radar environment[J]. Cognition, technology & work, 2020, 22(1): 159-179.

附录 A
管制员不安全行为风险因素访谈提纲

【访谈说明】不安全行为是指在民航系统中,操作超越或违反系统所允许范围的行为,如违章、差错、失误、错、忘、漏等。

1. 您认为目前管制员的不安全行为风险表现在什么方面? 存在哪些反复发生和危害性较大的不安全行为?

2. 目前对管制员不安全行为是如何统计的,统计过程中的难点有哪些?

3. 请您简要分析导致管制员不安全行为的因素,以及对不安全行为影响较大的因素;预防措施及预防的难点。

4. 作为管制员,在工作中的关注点或需求有哪些? 这些关注点与不安全行为的关系如何?

5. 请您简要分析并举例说明以上各因素与管制员不匹配造成的不正常情况或不安全事件。

6. 雷雨天气、夜班等特殊情况下,管制员需要具备哪些安全行为能力? 本单位采取哪些措施预防特殊情况下管制员出现不安全行为? 存在哪些难点?

7. 目前本单位从哪些方面对管制员开展的绩效考核? 采取了哪些定性和定量指标? 存在哪些问题,期望采取哪些改进措施?

附录 B
管制员不安全行为风险专家调查问卷

尊敬的专家：

您好！本问卷旨在确定管制员不安全行为风险的关键监测指标，以期提升安全行为管理水平，减少不安全行为，推进安全绩效管理。本问卷纯属学术研究目的，内容不会涉及任何隐私或机密问题，所获信息也不会用于任何商业目的，请您放心并尽可能客观回答，且勿遗漏任何一题。您的回答对我们的研究结论非常重要，烦请您花几分钟时间填写问卷，非常感谢！

【填写说明】请根据您的真实想法，判断各风险因子对不安全行为的重要程度，在相应的数字栏内选择一个答案划"√"。

第一部分　管制员不安全行为风险因子的重要程度调查

以下为管制员不安全行为风险因子，请根据您的理解，判断每个风险因子对管制员不安全行为的重要程度，并勾选右边的数字。1 表示"很不重要"，2 表示"不太重要"，3 表示"一般重要"，4 表示"比较重要"，5 表示"非常重要"。

表1　管制员不安全行为风险因子重要程度调查表

类别	风险因子	很不重要	不太重要	一般重要	比较重要	非常重要
物理环境	天气恶劣次数	1	2	3	4	5
	机场内场环境影响运行次数	1	2	3	4	5
	通航飞行次数	1	2	3	4	5
	相邻管制区限制次数	1	2	3	4	5
	相似航班号出现次数	1	2	3	4	5
	空军活动限制次数	1	2	3	4	5
	飞行流量大小	1	2	3	4	5
技术环境	座椅不适程度	1	2	3	4	5
	重要通导监视设备故障次数	1	2	3	4	5
机组因素	机组协同失效次数	1	2	3	4	5
资源管理	管制班组力量搭配不合理次数	1	2	3	4	5
	上岗管制员缺少数	1	2	3	4	5
组织过程	班前/后讲评不充分的次数	1	2	3	4	5
	规章制度标准的完善程度	1	2	3	4	5
	夜班执勤时数超规章要求次数	1	2	3	4	5
组织氛围	管制员缺编率	1	2	3	4	5
	管制津贴合理程度	1	2	3	4	5
问题纠正	现场值班纠正违规次数	1	2	3	4	5
运行计划	工作负荷度	1	2	3	4	5
监管的充分性	定期质量安全监督检查执行程度	1	2	3	4	5
	安全教育培训不符合要求次数	1	2	3	4	5
监管违规	监管者对安全管理的重视程度	1	2	3	4	5
心理状态	安全意识和责任心欠缺性	1	2	3	4	5
	薪酬满意度	1	2	3	4	5
	工作压力感知度	1	2	3	4	5
	注意力分配不当次数	1	2	3	4	5
	职业成就感知度	1	2	3	4	5
生理状态	疲劳程度	1	2	3	4	5
	身体状况不良次数	1	2	3	4	5

续表 1

类别	风险因子	很不重要	不太重要	一般重要	比较重要	非常重要
业务能力	安全知识掌握程度	1	2	3	4	5
	工作技能具备程度	1	2	3	4	5
团队配合	班组成员未提供有效配合的次数	1	2	3	4	5

第二部分　您的基本信息

1. 您的工作单位:□空管单位　□高校　□机场　□航空公司　□其他

2. 您的教育背景:□大专以下　□大专　□本科　□硕士及以上

3. 您的职称:□正高级/副高级 □中级　□初级　□未定级

4. 您对空中交通管制的了解程度:□经常接触　□基本了解　□大概了解 □从未

5. 您在本单位的工作年限:□3 年以下　□4～10 年　□11～20 年　□20 年以上

问卷到此结束,再次感谢您的支持,祝您工作顺利,幸福安康!